Wissenschaftliche Taschenbücher WTB

Biologie

Gerhard Lerch

Pflanzenökologie

Teil II

Zur Ökologie von Stoffproduktion und Ertragsbildung

Akademie-Verlag · Berlin

WTB Wissenschaftliche Taschenbücher

Eine Auswahl lieferbarer Bände:

HEINRICH ARNOLD
Physikalische Chemie der Halbleiter

JOACHIM AUTH / DIETMAR GENZOW
KLAUS H. HERRMANN
Photoelektrische Erscheinungen

HANS BANDEMER
ANDREAS BELLMANN
WOLFHARDT JUNG / KLAUS RICHTER
Optimale Versuchsplanung

FRANK BEICHELT
Prophylaktische Erneuerung von Systemen

JOACHIM BELLACH / PETER FRANKEN
ELKE WARMUTH / WALTER WARMUTH
Maß, Integral und bedingter Erwartungswert

WOLFRAM BRAUER
HANS-WALDEMAR STREITWOLF
Theoretische Grundlagen der Halbleiterphysik

SIEGFRIED BREHMER
Einführung in die Maßtheorie

SIEGFRIED BREHMER
Hilbert-Räume und Spektralmaße

JOHN CUNNINGHAM
Vektoren

GEORG DAUTCOURT
Relativistische Astrophysik

K. CH. DELOKAROV
Relativitätstheorie und Materialismus

HANNELORE FISCHER
JOACHIM PIEHLER
Modellsysteme der Operationsforschung

GOTTFRIED FRITZSCHE
Grundlagen und Entwurf passiver Analogzweipole
Netzwerke I

Entwurf passiver Analogvierpole
Netzwerke II

HERBERT GOERING
Asymptotische Methoden zur Lösung von Differentialgleichungen

HERBERT GOERING
Elementare Methoden zur Lösung von Differentialgleichungsproblemen

EDUARD HERLT / NIKOLAUS SALIÉ
Spezielle Relativitätstheorie

HELMUT HESS
Der elektrische Durchschlag in Gasen

V. I. KARPMAN
Nichtlineare Wellen in dispersiven Medien

ULRICH KAUSMANN
KLAUS LOMMATZSCH
FRANTIŠEK NOŽIČKA
Lineare parametrische Optimierung

A. R. KESSEL
Akustische Kernresonanz

KONRAD KREHER
Festkörperphysik

DIETER KRESS
Theoretische Grundlagen der Signal- und Informationsübertragung

DIETER LEUSCHNER
Grundbegriffe der Thermodynamik

V. S. LETOCHOW
Laserspektroskopie

DIERCK-EKKEHARD LIEBSCHER
Relativitätstheorie mit Zirkel und Lineal

WOLFGANG MEILING
Digitalrechner in der elektronischen Meßtechnik
Teil 1: Meßmethodik
Teil 2: Gerätetechnik und Anwendungen

L. I. MIROSCHNITSCHENKO
Kosmische Strahlung im interplanetaren Raum

PETER PAUFLER
GUSTAV E. R. SCHULZE
Physikalische Grundlagen mechanischer Festkörpereigenschaften
Teil I und II

ULRICH RÖSEBERG
Quantenmechanik und Philosophie

ALBRECHT ROST
Messung dielektrischer Stoffeigenschaften

J. V. SAČKOV
Wahrscheinlichkeit und Struktur

E. M. SAWIZKI
Perspektiven der Metallforschung

WOLFGANG SCHÄFER
Theoretische Grundlagen der Stabilität technischer Systeme

VOLKMAR SCHURICHT
Kernexplosionen für friedliche Zwecke

NORBERT SIEBER
HANS-PETER LEIDHOLD
Einführung in die Datenverarbeitung

HUBERTUS STOLZ
Supraleitung

Festkörperphysik
Entwicklungstendenzen und Anwendungsmöglichkeiten

Die Schöpfer der physikalischen Optik
Eine Artikelsammlung

HANS-GEORG SCHÖPF
Von Kirchhoff bis Planck

HORST MELCHER
Albert Einstein wider Vorurteile und Denkgewohnheiten

RENATE WAHSNER
Mensch und Kosmos
Die copernicanische Wende

HELMUT FRIEMEL / JOSEF BROCK
Grundlagen der Immunologie

EBERHARD HOFMANN
Funktionelle Biochemie des Menschen
Band 1 und 2

LOTHAR JÄGER
Grundlagen der Klinischen Immunologie

KARLHEINZ LOHS
DIETER MARTINETZ
Entgiftung – Mittel, Methoden und Probleme

JOACHIM NITSCHMANN
Entwicklung bei Mensch und Tier

STEPHAN SCHNITZLER
Pharmakologische Aspekte von Immunreaktionen

EBERHARD TEUSCHER
Pharmakognosie
Teil I–III

MICHAEL THEILE
SIEGFRIED SCHERNECK
Zellgenetik

Heinrich Bremer
Klaus-Peter Wendlandt
Heterogene Katalyse

Peter Birner
Hans-Jörg Hofmann
Cornelius Weiss
MO-theoretische Methoden in der organischen Chemie

Werner Döpke
Dynamische Aspekte der Stereochemie organischer Verbindungen

Günther Eppert
Einführung in die Schnelle Flüssigchromatographie

Gerhard Geiseler / Heinz Seidel
Die Wasserstoffbrückenbindung

Falko H. Herrmann
Martina Herrmann
Das Hämoglobin des Menschen

Helmut Hrapia
Einführung in die Chromatographie

Hans Luppa
Grundlagen der Histochemie
Teil I und II

Dieter Onken
Antibiotika – Chemie und Anwendung

Burkart Philipp
Gerhard Reinisch
Grundlagen der makromolekularen Chemie

Horst Remane / Rainer Herzschuh
Massenspektrometrie in der organischen Chemie

Adolf Zschunke
Kernmagnetische Resonanzspektroskopie in der organischen Chemie

Vorschau auf die nächsten Bände:

Richard Campbell
Mikrobielle Ökologie

Gottfried Fritzsche
Entwurf aktiver Analogsysteme
Netzwerke III

Claus Hamann / Joachim Heim
Hubert Burghardt
Organische Leiter, Halbleiter und Photoleiter

Wolfgang A. Knorre
Pharmakokinetik
Theoretische Grundlagen und praktische Anwendungen

Hasso Meinert
Fluorchemie

Gernot Neugebauer
Relativistische Thermodynamik

Volker Nollau
Semi-Markovsche Prozesse

Joachim Schuppan
Theorie und Meßmethoden der Konduktometrie

Joachim Schuppan
Anwendungen der Konduktometrie

Kurt Schwabe
pH-Messung

Rainer Sinz
Chronopsychophysiologie, Chronobiologie und Chronomedizin

WTB

BAND 263

Gerhard Lerch

Pflanzenökologie

Teil II

Zur Ökologie von Stoffproduktion und Ertragsbildung

3., bearbeitete und erweiterte Auflage

Mit 68 Abbildungen und 19 Tabellen

AKADEMIE-VERLAG · BERLIN

Reihe BIOLOGIE

Herausgeber:

Prof. Dr. H. Bochow, Berlin
Prof. Dr. H. Böhme, Gatersleben
Prof. Dr. H. Borriss, Greifswald
Prof. Dr. E. Hofmann, Leipzig
Prof. Dr. J. O. Hüsing, Rerik
Prof. Dr. U. Taubeneck, Jena

Verantwortlicher Herausgeber dieses Bandes:

Prof. Dr. H. Borriss

Verfasser:

Dr. sc. Gerhard Lerch
Berlin

1980
Erschienen im Akademie-Verlag,
DDR-1080 Berlin, Leipziger Str. 3—4
Lektor: Karl Abel

Lizenznummer: 202 · 100/524/80
P 28/80
Gesamtherstellung: VEB Druckhaus „Maxim Gorki", 74 Altenburg
Bestellnummer: 762 664 1 (7263) · LSV 1374
Printed in GDR
DDR 16,— M (für Teil I und Teil II)

Inhalt

1. Allgemeines

1.1. Die pflanzliche Stoffproduktion im Naturganzen

Die Produktionstätigkeit der grünen Pflanzen erhält das gesamte Leben auf der Erde. Nur sie — abgesehen von einigen wenigen Gruppen chlorophyllführender Bakterien — sind in der Lage, Sonnenenergie zum Aufbau lebender Substanz (Biomasse) zu nutzen, von der wiederum ein Teil als Ernährungsgrundlage für Tier und Mensch dient. Pflanzen, Tiere und Mikroorganismen leben in der Natur nicht unabhängig voneinander, sondern bilden charakteristische, für die jeweiligen Standortsbedingungen kennzeichnende Lebensgemeinschaften, deren Glieder über vielfältige Nahrungsketten und sonstige Wechselbeziehungen untereinander verbunden sind. Jede solche Lebensgemeinschaft ist auf ihre besonderen Umweltbedingungen abgestimmt und bildet mit ihnen zusammen ein **Ökosystem** (*Biogeozönose*).

Trotz der mannigfachen Unterschiede in Zusammensetzung und Ausdehnung der über die Erde verbreiteten Ökosysteme (z. B. Wälder, Seen, Ackerfluren, usw.), die in ihrer Gesamtheit die Biosphäre bilden, lassen sich die darin lebenden Organismen in der Regel in drei Hauptgruppen einordnen (Abb. 1):

Primärproduzenten, autotroph lebend, bauen aus anorganischen Grundstoffen organische Biomasse auf. Den weitaus überwiegenden Anteil bilden die grünen Pflanzen; neben ihnen bestehen einige wenige Gruppen von Bakterien, die zur Photosynthese oder Chemosynthese befähigt sind, im Stoffhaushalt der Natur jedoch eine untergeordnete Rolle spielen.

Verbraucher (*Konsumenten*), mit heterotropher Lebensweise, ernähren sich direkt oder indirekt von der durch die Primärproduzenten bereitgestellten Pflanzenmasse. Die Kette beginnt mit den pflanzenfressenden Tieren (z. B. Insektenlarven), die ihrerseits den Fleischfressern 1. Ordnung (z. B. Singvögel) als Nahrung dienen, und diese wiederum können Raubtieren 2. Ordnung (z. B. Greifvögel) zum Opfer fallen. Parasiten pflanzlicher oder tierischer Natur gehören ebenfalls in diese Gruppe.

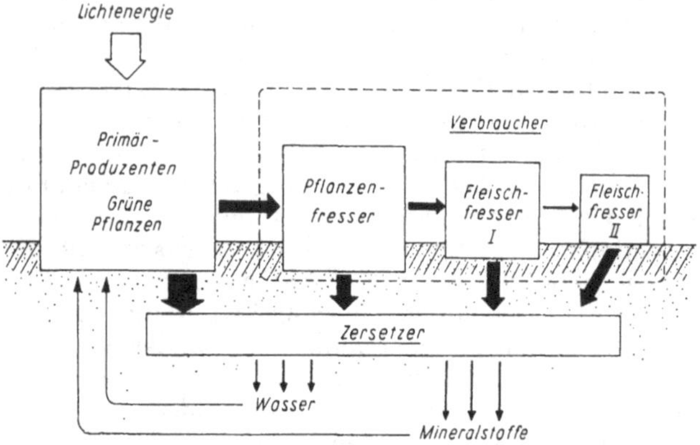

Abb. 1. Nahrungskette und Stoffkreislauf (ohne Gasaustausch) in einem terrestrischen Ökosystem – Schema

Auf diese Weise wird ein Teil der durch die *Primärproduktion* erzeugten Pflanzenmasse als Ausgangsmaterial für den Prozeß der *Sekundärproduktion* zum Aufbau tierischer Biomasse verwendet.

Zersetzer (*Reduzenten, Destruenten*), ebenfalls heterotroph lebend, zerstören die abgestorbenen Pflanzen- und Tierkörper und bauen sie bis auf ihre anorganischen Ausgangsstoffe wieder ab. Es sind vor allem Bakterien, Pilze und eine Vielzahl kleiner Bodentiere.

Oft lassen sich Organismengruppen gleichzeitig in mehr als eine dieser Kategorien zuordnen. Wenn z. B. manche Bodentiere sich von Pflanzenresten ernähren, so sind sie Zersetzer, gleichzeitig aber auch Sekundärproduzenten, da sie tierische Biomasse aufbauen, die ihrerseits von anderen Bodentieren gefressen oder nach dem Tod von anderen Zersetzern abgebaut wird.

Die vielfältig verwobene Nahrungskette eines Ökosystems führt unter natürlichen Verhältnissen auf jeden Fall immer wieder zum Abbau der in der Primärproduktion erzeugten organischen Biomasse bis in ihre anorganischen Grundbestandteile (Mineralstoffe, Wasser, Gase), die dann erneut als Rohstoffe für die Primärproduktion zur Verfügung stehen.

Herrscht auf diese Weise in einem natürlichen Ökosystem ein ständiger Stoffkreislauf, so verläuft der Energiefluß stets nur in einer Richtung, wobei auf jeder Stufe der Nahrungskette erhebliche Energiemengen durch Atmung und als *Entropie* verloren gehen (Abb. 2). Nur die Primärproduzenten können Sonnenenergie chemisch binden. Alle übrigen Glieder der Nahrungskette (Verbraucher, Zersetzer) beziehen die für ihre Lebensvorgänge notwendige Energie aus dem chemischen Potential von Betriebsstoffen, die letztlich aus umgewandelter Pflanzenmasse stammen. Die Lebensfähigkeit jedes Ökosystems hängt somit entscheidend vom Funktionieren einer leistungskräftigen Stoffproduktion der grünen Pflanzen ab.

In den meisten Ökosystemen überwiegt auch bei weitem die pflanzliche Biomasse und ist in der Regel mindestens tausendmal so groß wie die der Konsumenten und Reduzenten zusammengenommen.

Der Mensch, in den Anfängen seiner Existenz noch harmonisch in die ihn umgebende Natur eingefügt, hat als Sammler und Jäger die natürlichen Ökosysteme kaum mehr beeinflußt als ein Tier. Im Verlauf der weiteren Menschheitsgeschichte hat jedoch die Entwicklung von Landwirtschaft, Siedlungswesen und Industrie immer stärker und ausgedehnter in das Naturgefüge eingegriffen, wurden zahllose natürliche Ökosysteme grundlegend verändert oder gänzlich vernichtet, und es wurden

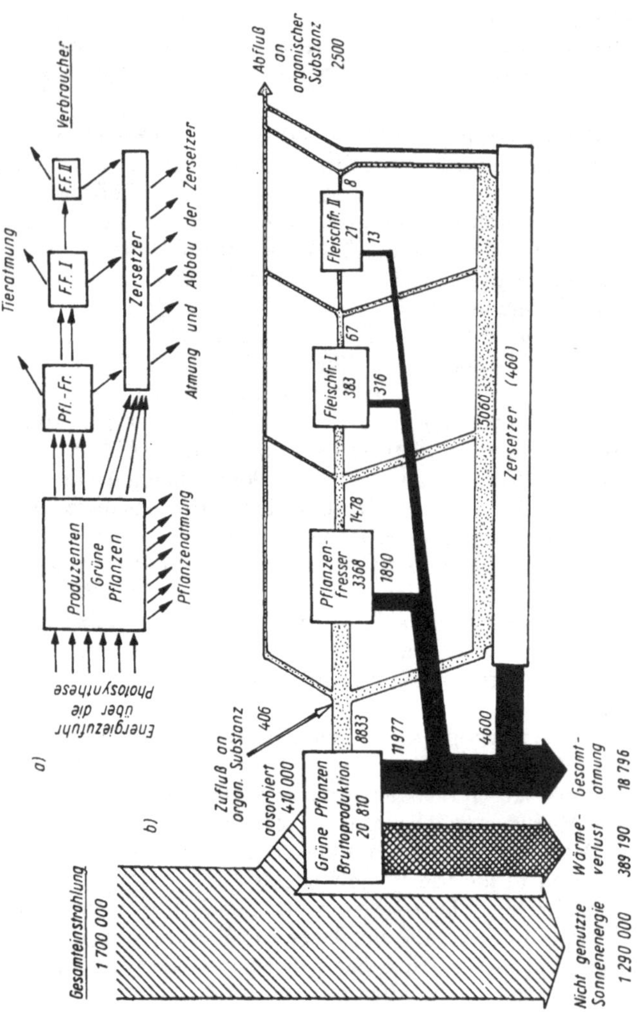

a)
Energiezufuhr über die Photosynthese
Produzenten
Grüne Pflanzen
Pflanzenatmung
Pfl.-Fr.
F.F. I
F.F. II
Tieratmung
Verbraucher
Zersetzer
Atmung und Abbau der Zersetzer
b)
Gesamteinstrahlung
1 700 000
absorbiert
410 000
Zufluß an organ. Substanz
406
Grüne Pflanzen
Bruttoproduktion
20 810
8833
11977
4600
Pflanzen-
fresser
3368
1890
1478
Fleischfr. I
383
316
67
Fleischfr. II
21
13
8
5060
Zersetzer (460)
Abfluß an organischer Substanz
2500
Nicht genutzte Sonnenenergie
1 290 000
Wärme-
verlust
389 190
Gesamt-
atmung
18 796

neue, mehr oder minder künstliche Ökosysteme mit Kultur- und Industrielandschaften geschaffen. In Unkenntnis der vielschichtigen, zum Teil äußerst komplizierten, weithin noch unerforschten Wechselwirkungen im Naturgeschehen wurden dabei auch in zahlreichen Fällen die äußeren Bedingungen für die pflanzliche Stoffproduktion verschlechtert und das ökologische Gleichgewicht in der Natur empfindlich gestört, so daß es stellenweise bis zur Verwüstung riesiger Landstriche kam und eine Reparatur der angerichteten Schäden heute entweder gar nicht mehr oder nur mit ungeheurem Aufwand an Kosten und Energie möglich ist. Die Gefahr, daß die Menschheit durch rücksichtslose Entfaltung moderner Industriegesellschaften die pflanzliche Stoffproduktion auf der ganzen Erde bedroht und sich damit der eigenen Existenzgrundlage beraubt, ist inzwischen so groß geworden, daß auch die hohen politischen Entscheidungsorgane alarmiert sind und in sämtlichen Industriestaaten rigorose Naturschutzgesetze erlassen werden mußten. Damit wurde zwar der größten Augenblicksgefahr ein gewisser Einhalt geboten, aber das langfristige ökologische Grundproblem ist noch nicht gelöst, nämlich wie für die weitere Entwicklung der menschlichen Gesellschaft ein beständiges, gesundes Wirtschaftswachstum im Einklang mit einer ebenso gesunden Umwelt gewährleistet werden kann, wo auch eine hochproduktive Pflanzendecke die Ernährung der künftigen Menschheit zu sichern vermag. Bis heute noch leiden Hunderte von Millionen Menschen unter ständigem Hunger. Aus diesem Grund haben auch die großen internationalen Organisationen, wie UNO, UNESCO,

←—

Abb. 2. Energiefluß in Ökosystemen. a) Allgemeines Schema, b) Energieflußdiagramm eines Süßwassersees (Silver Springs, Florida) nach Angaben von Odum, 1957. – Zahlenangaben in kcal/m² und Jahr. – Schwarz – Energieverluste durch Atmung; schraffiert – nicht für die Stoffproduktion genutzte Strahlungsenergie; punktiert – in organischer Substanz gebundene Energie

FAO, u. a. m., sich der Problematik angenommen und sind bemüht, in weltweit gespannten Forschungs- und Entwicklungsprogrammen die bestmöglichen Voraussetzungen für die pflanzliche Stoffproduktion und Ertragsbildung in allen wichtigen Teilen der Erde zu schaffen, damit wenigstens in absehbarer Zukunft das tägliche Brot für die ständig anwachsende Weltbevölkerung gesichert werden kann.

1.2. Organisation und Grundbegriffe der Stoffproduktion

Für das Leben der grünen Pflanze ist nicht allein entscheidend, daß sie assimiliert, sondern daß sie dabei mehr produziert, als für Betriebskosten verbraucht wird. Kein Wachstum, keine Vermehrung ohne positive Stoffbilanz. Die Frage, wie und unter welchen Umständen diese zustandekommt, ist ein spezifisch ökologisches Problem. Die Physiologie beschäftigt sich mit den Vorgängen der Photosynthese, Atmung und Mineralstoffassimilation als solchen. Der Land- und Forstwirt fragt dagegen nach dem Ertrag, d. h. dem für ihn nutzbaren Anteil an dem von der Pflanze erzielten Produktionsüberschuß. Der Ökologe muß beide Gesichtspunkte verbinden und versuchen, die Ursachen der unterschiedlichen Ertragsbildung zu erfassen, um diese letztlich gezielt steuern zu können. Diese Probleme stehen heute im Vordergrund der experimentell-ökologischen Forschung. Es genügt dabei nicht festzustellen, wieviel und wie rationell die Pflanze unter bestimmten Bedingungen produziert, sondern ebenso bedeutend ist die Frage, wie die erzeugten Produkte verteilt und im pflanzlichen Stoffhaushalt eingesetzt werden.

Einige Grundzüge der Organisation dieses Produktionsprozesses sind in Abbildung 3 dargestellt. Aus Kohlendioxid und Wasser als Rohstoffen werden durch die Photosynthese mit Hilfe der Lichtenergie die primären Kohlenhydrate produziert. Ein Teil davon wird zur Er-

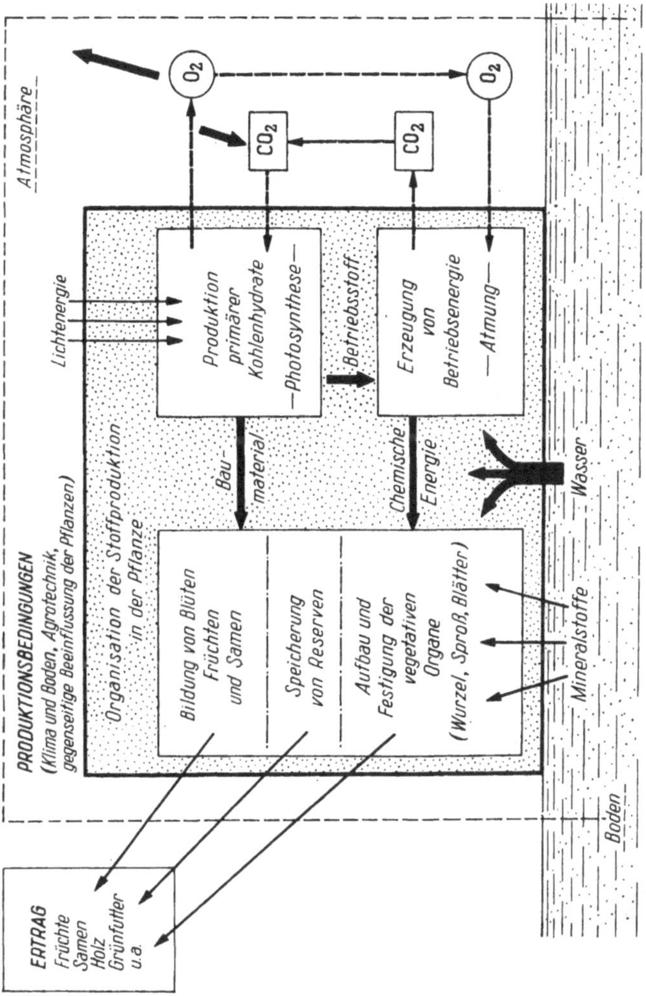

Abb. 3. Organisationsschema (vereinfacht) für die Stoffproduktion der höheren Pflanzen

zeugung chemischer Energie bei der Atmung wieder verbraucht. Der Rest steht als Baumaterial zur Bildung weiterer Pflanzensubstanz zur Verfügung, wobei hier auch die Mineralstoffe einbezogen werden.

Damit ist die pflanzliche Stoffproduktion der effektive Überschuß, der von der assimilatorischen Gesamtleistung bleibt, wenn die für die Erzeugung von Betriebsenergie verbrauchte Substanz abgezogen wird. Eine vollständige Bilanz hat außerdem noch die Verluste an abgestoßenen toten Pflanzenteilen zu berücksichtigen. Daraus ergeben sich folgende Begriffe, wobei die physiologischen Prozesse nicht mit den Stoffproduktionsgrößen verwechselt werden dürfen:

Brutto-Produktion (*Bruttophotosynthese*): Gesamte organische Substanz, die durch die Photosynthese erzeugt wird. Davon wird ein Teil sofort für die Atmung der Assimilationsgewebe verbraucht, und das daraus entstehende Kohlendioxid dringt nicht erst nach außen, sondern wird innerhalb der Blätter sofort wieder für erneute Photosynthese verwendet. Da bei Tag jedoch in der Regel die Photosynthese-Aktivität weit stärker ist als die Atmung, wird der zusätzliche Bedarf an CO_2 aus der Umgebung der Pflanze aufgenommen. Dieser Vorgang ist direkt meßbar und wird als

Nettophotosynthese (*apparente Photosynthese, Nettoassimilation*) bezeichnet. Sie ergibt sich somit aus Bruttophotosynthese minus Substanzverlust durch unmittelbare Tagesatmung der assimilierenden Pflanzenteile. Von diesem Betrag muß nochmals ein Substanzverlust abgebucht werden, der durch die Nachtatmung der Assimilationsgewebe sowie die gesamte Atmung der chlorophyllfreien Pflanzenteile (vor allem Sproßachsen und Wurzeln) entsteht. Als Rest und damit echter Produktionsüberschuß bleibt die

Primärproduktion: Gesamte organische Trockenmasse einer Pflanze oder eines Pflanzenbestandes, d. h. Bruttoproduktion minus Stoffverlust durch Gesamtatmung.

Nettoproduktion: Primärproduktion minus Stoffverlust durch abgestoßene Pflanzenteile.

Produktivität: Menge an organischer Trockensubstanz, die von einem Pflanzenbestand pro Flächen- und Zeiteinheit gebildet wird.

Ertrag: Menge an wirtschaftlich nutzbarer Pflanzensubstanz eines Bestandes, berechnet nach Flächen- und Zeiteinheit.

Nettophotosynthese und Atmung werden in der Regel durch den Kohlenstoff- oder Kohlendioxid-Umsatz gemessen und in entsprechenden Einheiten ausgedrückt, z. B. Aufnahme oder Abgabe von mg CO_2 pro dm^2 Blattfläche und Stunde.

Die Bruttophotosynthese ist mit den derzeit bekannten Methoden nicht direkt meßbar, sondern eine Rechengröße, die sich aus der Summe von Nettophotosynthese plus Atmung ergibt. Da die Bestimmung der Lichtatmung im allgemeinen schwierig ist, wird üblicherweise die Dunkelatmung gemessen und dieser Betrag zur Nettophotosynthese addiert, wobei man bewußt einen gewissen Fehler in Kauf nimmt, weil Licht- und Dunkelatmung voneinander abweichen.

Die Bruttoproduktion wird aus praktischen Gründen gewöhnlich der Bruttophotosynthese gleichgesetzt; beide Vorgänge sind jedoch nicht identisch. Zur Gesamt-Stoffproduktion gehört auch — unter Einbau der Mineralstoffe — die Eiweißsynthese und die Bildung zahlloser anderer organischer Verbindungen, die mit dem physiologischen Photosyntheseprozeß unmittelbar nichts zu tun haben, jedoch die durch die Photosynthese gebildeten Substanzen als Ausgangsmaterial benutzen und die zum Aufbau benötigte chemische Energie aus den über die Photosynthese erzeugten Betriebsstoffen beziehen. Daher wird auch die Bruttoproduktion als Rechengröße ermittelt, indem man zur Primärproduktion den aus Atmungsmessungen geschätzten Substanzverbrauch für die Energieproduktion addiert. Wegen der engen, quantitativ zur Zeit noch schwer faßbaren Wechselwirkungen zwischen Photosynthese und Gesamtstoffproduktion, und weil überdies der Mineralstoffanteil an der Gesamtbiomasse sehr gering ist, darf im allgemeinen der Fehler vernachlässigt werden, der bei Gleichsetzung von Bruttophotosynthese und Bruttoproduktion entsteht, muß jedoch bei genauen Stoff- und Energiebilanzen berücksichtigt werden.

Primär- und Nettoproduktion werden durch Bestimmung der Trockenmasse für die jeweiligen Pflanzenteile ermittelt. Die Verfahren sind bei komplizierteren Pflanzengemeinschaften (z. B. Wäldern) schwierig und zeitraubend, weil auch Laubfall, abgestoßene Zweige, Früchte und Samen, sowie Insekten- oder sonstiger Tierfraß berücksichtigt, und zusätzlich die Wurzelmasse möglichst vollständig erfaßt werden muß (Abb. 4). Genaue Berechnungen müssen außerdem den — wenn auch geringfügigen — Mineralstoffanteil in Form des Aschegehalts nachweisen.

Die Nettophotosynthese stellt somit ein Maß für den Anfangsprozeß der Stoffproduktion dar, während die Daten von Primär- und Nettoproduktion das Endprodukt charakterisieren.

Um trotzdem beides, d. h. Photosyntheseleistung und Stoffproduktion miteinander bilanzieren zu können, wird üblicherweise die produzierte Pflanzensubstanz zur Vereinfachung als Polysaccharid-Masse aufgefaßt und nach der Summenformel $(C_6H_{10}O_5)_x$ kalkuliert. Daraus ergeben sich folgende Umrechnungsverhältnisse:

72 g C ≙ 264 g CO_2 ≙ 162 g Trockenmasse (TM)
1 g C ≙ 3,67 g CO_2 ≙ 2,250 g Trockenmasse (TM)
1 g CO_2 ≙ 0,27 g C ≙ 0,614 g Trockenmasse (TM)
1 g TM ≙ 0,44 g C ≙ 1,63 g CO_2

Wie Abbildung 3 zeigt, ist die pflanzliche Stoffproduktion überall dort beeinflußbar, wo Umweltfaktoren in das Geschehen eingreifen. Diese Umweltfaktoren wirken sich jedoch unterschiedlich auf die einzelnen Teilprozesse aus, mitunter sogar gegenläufig. Die Zusammenhänge werden dadurch kompliziert und sind oft nur schwer überschaubar.

⟶

Abb. 4. Biomasse eines 90-jährigen Eichenmischwaldes (Virelles-Blairmont), nach DUVIGNEAUD & DENAEYER — DE SMET, 1970. — „Zweige" bis 1 cm Durchm., Streu und tote organische Masse nicht berücksichtigt

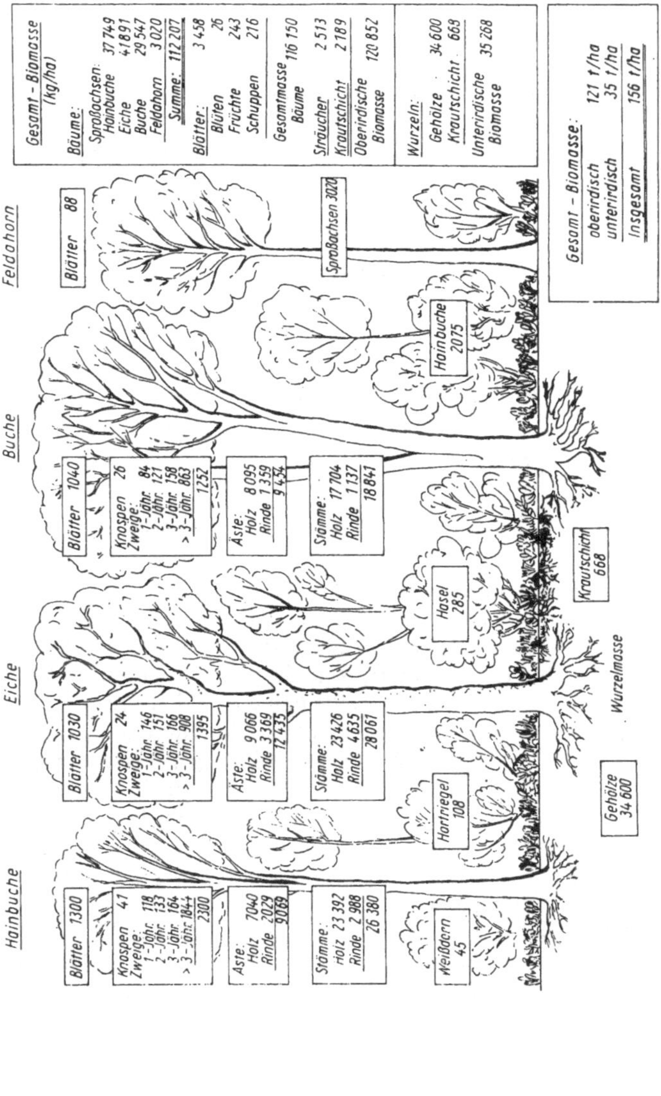
Hainbuche
Eiche
Buche
Feldahorn
Blätter 1300
Knospen 47
Zweige:
1-Jähr. 118
2-Jähr. 133
3-Jähr. 164
> 3-Jähr. 1844
2300
Äste:
Holz 7040
Rinde 2029
9069
Stämme:
Holz 23392
Rinde 2988
26380
Blätter 1030
Knospen 24
Zweige:
1-Jähr. 146
2-Jähr. 151
3-Jähr. 166
> 3-Jähr. 908
1395
Äste:
Holz 9066
Rinde 3369
12435
Stämme:
Holz 23426
Rinde 4635
28061
Blätter 1040
Knospen 26
Zweige:
1-Jähr. 84
2-Jähr. 121
3-Jähr. 158
> 3-Jähr. 863
1252
Äste:
Holz 8095
Rinde 1359
9454
Stämme:
Holz 17704
Rinde 1137
18841
Blätter 88
Sproßachsen 3020
Weißdorn 45
Hartriegel 108
Hasel 285
Hainbuche 2075
Gehölze 34600
Wurzelmasse
Krautschicht 668
Gesamt-Biomasse (kg/ha)
Bäume:
Sproßachsen:
Hainbuche 37749
Eiche 41891
Buche 29547
Feldahorn 3020
Summe: 112207
Blätter: 3458
Blüten 26
Früchte 243
Schuppen 216
Gesamtmasse Bäume 116150
Sträucher 2513
Krautschicht 2189
Oberirdische Biomasse 120852
Wurzeln:
Gehölze 34600
Krautschicht 668
Unterirdische Biomasse 35268
Gesamt-Biomasse:
oberirdisch 121 t/ha
unterirdisch 35 t/ha
Insgesamt 156 t/ha

Nachfolgend seien die wichtigsten Beziehungen zusammengefaßt, wie die pflanzliche Stoffproduktion und Ertragsbildung mit den Umweltbedingungen verflochten und von diesen abhängig sind. Dabei muß der bereits in Teil I vorangestellte Grundsatz nochmals hervorgehoben werden, daß die Umweltfaktoren stets in enger Wechselwirkung miteinander als komplexe Ganzheit das physiologische Geschehen in der Pflanze beeinflussen, und dieser Gesichtspunkt darf nicht außer acht gelassen werden, wenn hier die genannten Faktoren getrennt nacheinander abgehandelt werden.

2. Einfluß äußerer Faktoren

2.1. Licht

2.1.1. Geographische Verteilung des Strahlungsangebots

Die Photosynthese als Primärprozeß der pflanzlichen Stoffproduktion ist auf Sonnenenergie angewiesen. Die globale Strahlungsverteilung wurde in Teil I (S. 16f.) in Abhängigkeit von Jahreszeit und Breitenlage mit theoretischen Werten dargestellt; das tatsächliche Strahlungsangebot wird außerdem noch von der Bewölkungsdichte maßgeblich beeinflußt. Die Abbildungen 5 und 6 zeigen die Strahlungsverhältnisse im Juni und Dezember, Abbildung 7 die jährliche Gesamtstrahlungsmenge auf der Erdoberfläche. Bei gleicher geographischer Breite können somit ganz unterschiedliche Strahlungsbedingungen herrschen, und die höchsten Strahlungswerte fallen auf die wolkenarmen subtropischen Trockengebiete, wo annähernd 70% der direkten Einstrahlung bis zur Erdoberfläche gelangen. Die vegetationsärmsten

⟶

Abb. 5. Verteilung der monatlichen Globalstrahlungssumme auf der Erde – Juni. Nach GOLZBERG (1972)

Monatliche Globalstrahlung im Juni

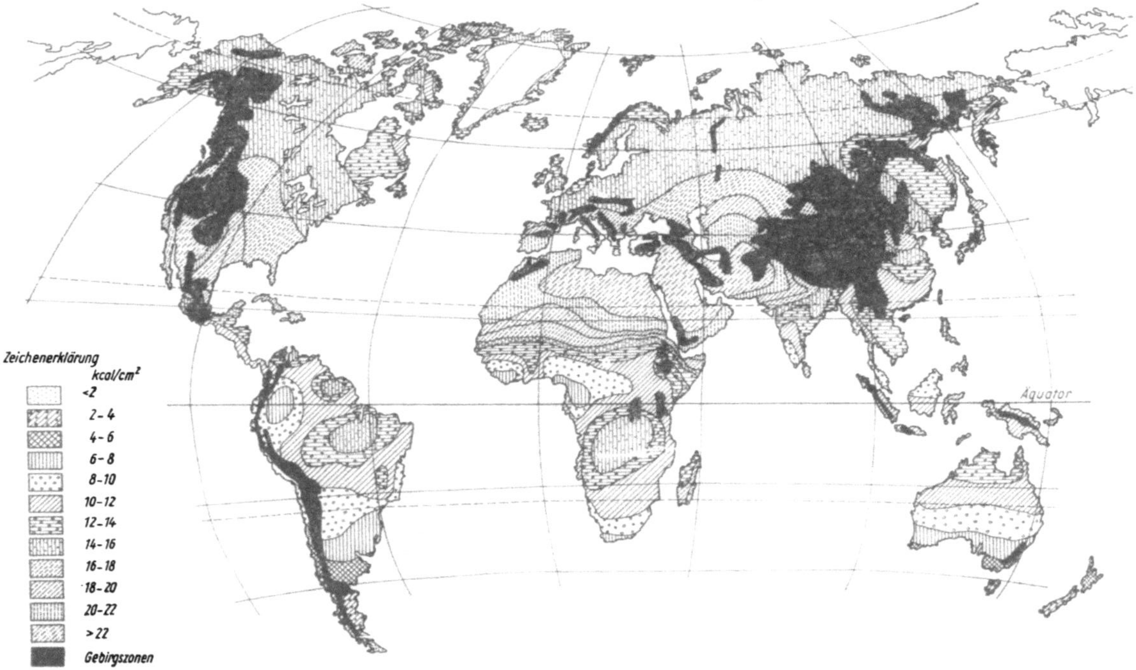

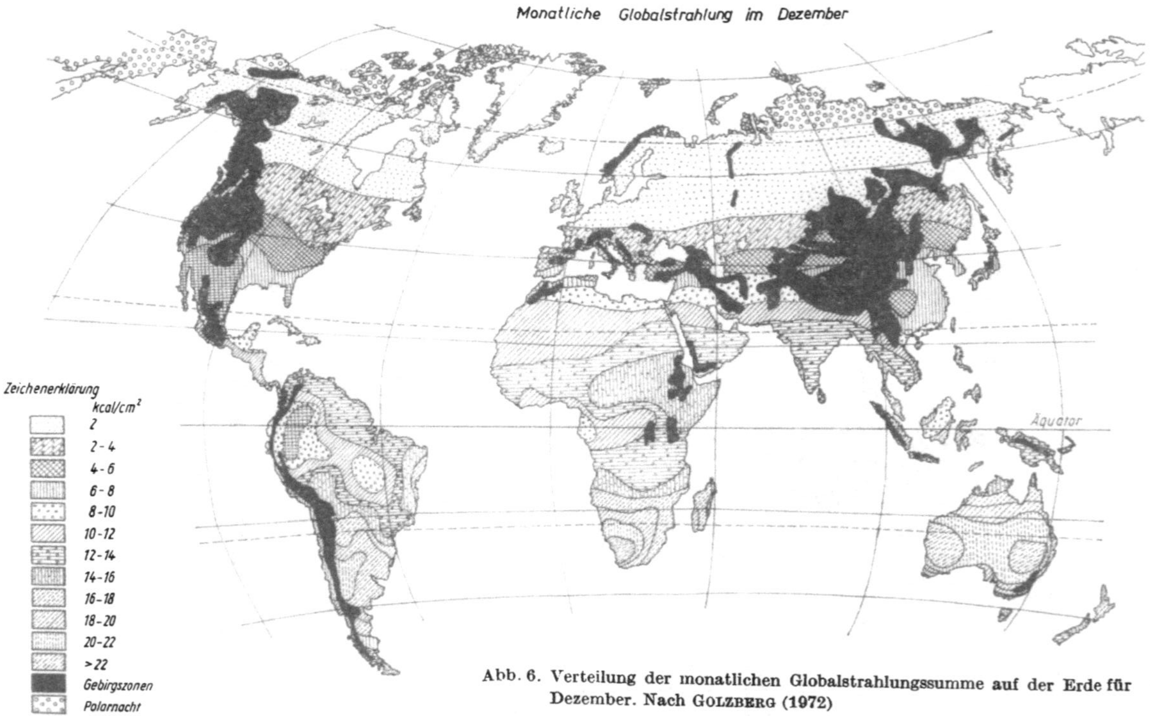

Abb. 6. Verteilung der monatlichen Globalstrahlungssumme auf der Erde für Dezember. Nach GOLZBERG (1972)

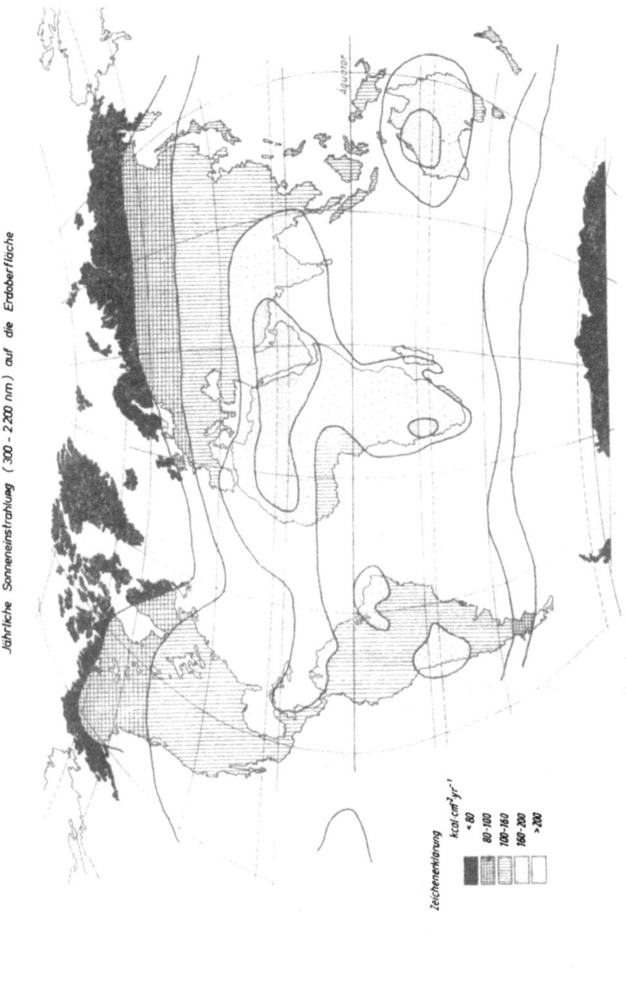

Abb. 7. Jährliche Gesamteinstrahlung auf der Erde. — Nach GEIGER, 1965, in Anlehnung an LARCHER, 1976

Klimazonen der Erde (arktische Tundra und Wüstenregionen) liegen in den Gebieten sowohl der niedrigsten wie auch der höchsten Globalstrahlung, wodurch augenfällig unterstrichen wird, daß für die pflanzliche Stoffproduktion die angebotene Strahlungsenergie zwar unabdingbare Voraussetzung ist und auch vielfach deren Leistung begrenzt, jedoch andere Faktoren, allen voran die Wasserversorgung, das Gedeihen der Pflanzenwelt entscheidend mitbestimmen.

Für die Photosynthese wird nur der von den Chloroplastenpigmenten absorbierte Spektralbereich des sichtbaren Lichts mit Wellenlängen zwischen etwa 380 und 740 nm genutzt. Dieser als „*photosynthetisch aktive Strahlung*“ (PhAR) bezeichnete Anteil, meist grob von 400 bis 700 nm gerechnet, umfaßt etwa 40–45% der Gesamtsonnenstrahlung. Auf die Wirkung der kurzwelligen ultravioletten sowie der längerwelligen Infrarotstrahlung wurde in Teil I (S. 103) verwiesen.

2.1.2. Beleuchtungsstärke und CO_2-Assimilation.

Unter natürlichen Verhältnissen ändert sich die Beleuchtungsstärke entweder durch den tages- und jahreszeitlichen Gang des Sonnenstandes, oder durch Beschattung. Handelt es sich dabei nicht um kurzzeitige und vorübergehende, sondern andauernde Beschattung, so sind die betreffenden Blätter oder Pflanzen nicht nur in ihrer äußeren Erscheinung, sondern auch in ihrem anatomischen Feinbau und im physiologischen Verhalten an diese Bedingungen besonders angepaßt und unterscheiden sich merklich gegenüber den Sonnenpflanzen, bzw. -blättern (vgl. Teil I, S. 107f.).

Insbesondere reagieren Sonnen- und Schattenpflanzen, desgleichen die entsprechenden Blatt-Typen, mit unterschiedlicher Photosyntheseleistung auf veränderte Lichtverhältnisse. Abb. 8 kennzeichnet beide Grundtypen der Nettophotosynthese. Dabei ist zu beachten, daß unter natürlichen Bedingungen eine Zunahme der Beleuchtungsstärke bedingt wird durch verstärkte Sonnenstrahlung, die ihrerseits gleichzeitig die Temperatur erhöht und zu gesteigerter Anspannung des Wasserhaushalts führt.

Im Dunkeln wird CO_2 als Folge der Atmung ausgeschieden. Mit Lichtzufuhr setzt die Photosynthese ein und verbraucht zunehmend Atmungskohlensäure, bis bei einer bestimmten Lichtstärke Produktion und Verbrauch

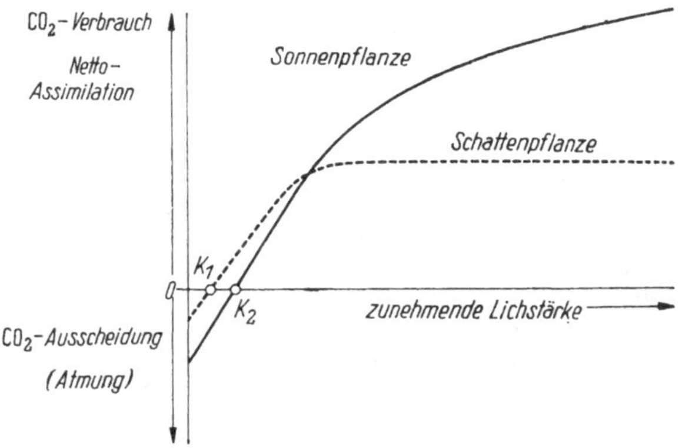

Abb. 8. CO_2-Umsatz und Lichtkompensationspunkt bei Sonnen- und Schattenpflanzen – Schema

von CO_2 innerhalb der Blätter einander ausgleichen, die CO_2-Bilanz damit gleich Null wird. Dieser „*Kompensationspunkt*", an dem die Blätter weder CO_2 nach außen abgeben noch von außen aufnehmen, wird von den Schattenpflanzen bei schwächerem Licht erreicht als bei den Sonnenpflanzen.

Die Ursachen beruhen vor allem auf unterschiedlicher Atmung. *Schattenpflanzen* atmen schwächer, zumal ihre dünnen Blätter weniger Masse pro Flächeneinheit besitzen. Der geringere Substanzverbrauch läßt weniger CO_2 in den Geweben anfallen, das rasch von der bei zunehmender Lichtmenge sich verstärkenden Photosynthese aufgebraucht wird, so daß schon bei relativ schwachem Licht CO_2 zur Deckung des Photosynthesebedarfs von außen in die Blätter aufgenommen werden muß. Der weitere Anstieg der Nettophotosynthese hört jedoch bereits bei relativ niedriger Beleuchtungsstärke (meist etwa 10 klx) auf; dann haben die Blätter ihre Lichtsättigung erreicht. Starke Besonnung wird von den Schattenpflanzen nur unzureichend für die Photosynthese genutzt, wirkt sich im Gegenteil infolge der erhöhten Temperaturen nachteilig auf den Wasserhaushalt der nur schwach gegen Verdunstung geschützten Blätter aus. *Sonnenpflanzen* sind bei schwachem Licht in ihrer Nettophotosynthese den Schattenpflanzen unterlegen; der stärkere Substanzverlust durch Atmung mit dem entsprechend höheren CO_2-Ausstoß läßt sie erst bei erhöhter Lichtstärke den Kompensationspunkt erreichen und damit zu positiver CO_2-Bilanz kommen. Mit weiter zunehmender Lichtfülle, die hier von dem vielschichtigen Mesophyll der Blätter in seiner ganzen Tiefe genutzt werden kann, steigt jedoch dann die Nettophotosynthese stetig weiter an, wenn auch die Kurve bei Starklicht zusehends abflacht. Eine Lichtsättigung wird hier erst bei hoher Beleuchtungsstärke, und bei einigen „*Hochleistungspflanzen*" unter den natürlichen Bedingungen überhaupt nicht erreicht (Abb. 9).

Zwischen den hier beschriebenen zwei Verhaltenstypen von voll besonnten und andauernd tief beschatteten Blättern bzw. Pflanzen gibt es in der Natur alle Übergänge, je nach den tatsächlichen Lichtverhältnissen, die entsprechend der Stellung der Einzelblätter für diese oft täglich außerordentlich rasch wechseln.

Im Jahresverlauf der Nettophotosynthese von Sonnen- und Schattenblättern wirken sich — gute Wasserversorgung vorausgesetzt — neben allen sonstigen Außenbedingungen vor allem Sonnenstand, Temperatur und Blattalter aus, so daß die Werte von Monat zu Monat unterschiedlich ausfallen. Als Beispiel sei auf den Abbildungen 10 bis 12 das Zusammenwirken von Beleuchtungsstärke und Blattalter, bzw. Jahreszeit, auf die Nettophotosynthese von Blättern eines montanen Buchenwaldes in Sonnen- und Schattenlage dargestellt.

Die Diagramme veranschaulichen gleichzeitig die Bedeutung der *Bezugsgröße*. Wird die Nettophotosynthese je Blattflächeneinheit berechnet (Abb. 12), wie dies bei Untersuchungen zur

Photosynthese-Aktivität meist üblich ist, so wiederholt sich der in Abbildung 8 dargestellte große Unterschied: Die Sonnenblätter assimilieren (auf der Höhe ihrer Leistungsfähigkeit im Frühsommer) bei starkem Licht mehr als doppelt so viel CO_2 als gleichgroße Schattenblätter. Für Stoffproduktions-

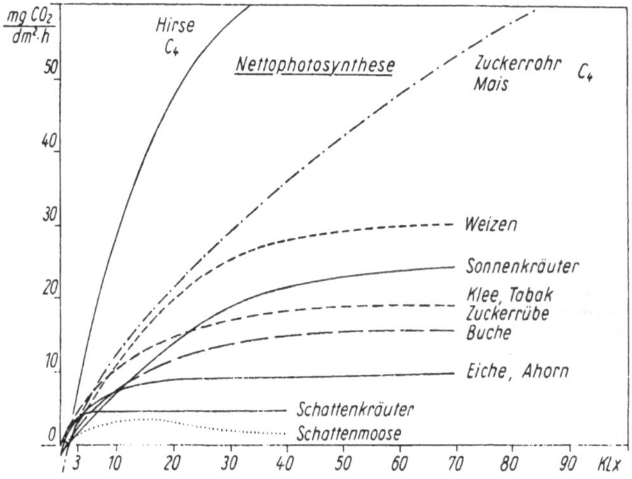

Abb. 9. Lichtabhängigkeit der Nettophotosynthese einiger C_3- und C_4-Pflanzen, Sonnen- und Schattenkräuter. — Nach Angaben verschiedener Autoren, zusammengestellt aus LARCHER (1976) und ZELITCH (1971)

bilanzen wird dagegen häufig der CO_2-Umsatz auf die Trockenmasse bezogen. Man kann daraus auf einfache Weise entnehmen, wie lang ein Blatt mit gegebenem Kohlenstoffgehalt braucht, um eine Assimilatmenge gleichen C-Gehalts aufzubauen. Unter diesem Gesichtspunkt bleibt die Nettophotosynthese der Schattenblätter, wegen ihrer geringeren Trockenmasse pro Flächeneinheit, nur wenig hinter der der Sonnenblätter zurück (Abb. 10, 11). Außerdem ändern sich die Relationen beträchtlich mit der Jahreszeit. Bis zum Frühsommer liegt die Nettophotosyntheseleistung der Sonnenblätter (bezogen auf ihre Trockenmasse) etwa um ein Drittel höher als die der Schattenblätter, beginnt jedoch bereits Anfang August wegen frühzeitig ein-

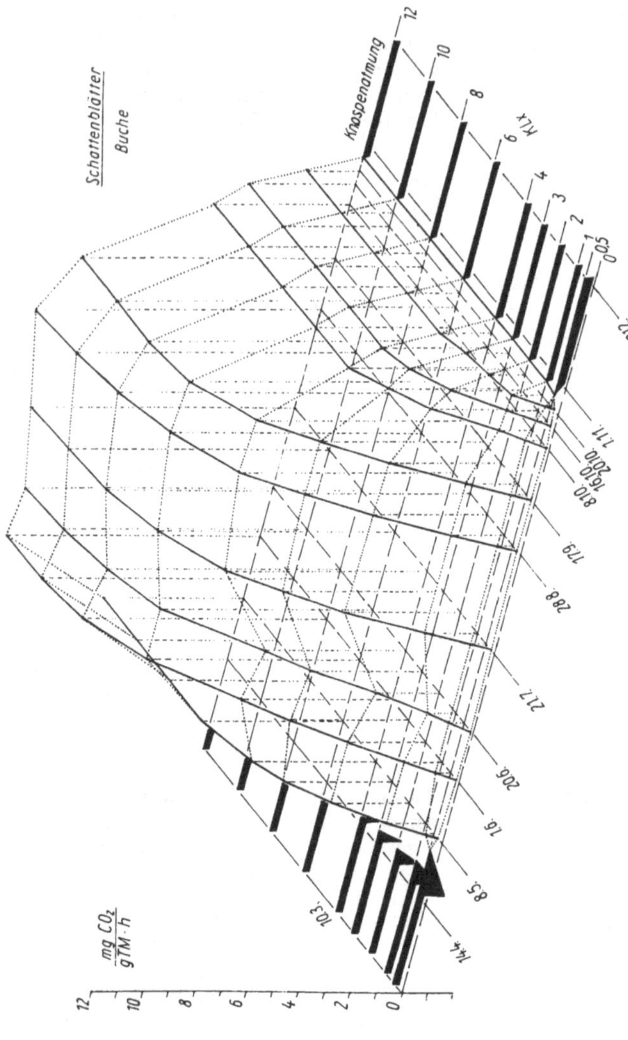

Abb. 10. Einfluß von Jahreszeit und Beleuchtungsstärke auf die Nettophotosynthese von Schattenblättern der Rotbuche, bezogen auf Trockenmasse. – Nach SCHULZE & KOCH (1971), verändert

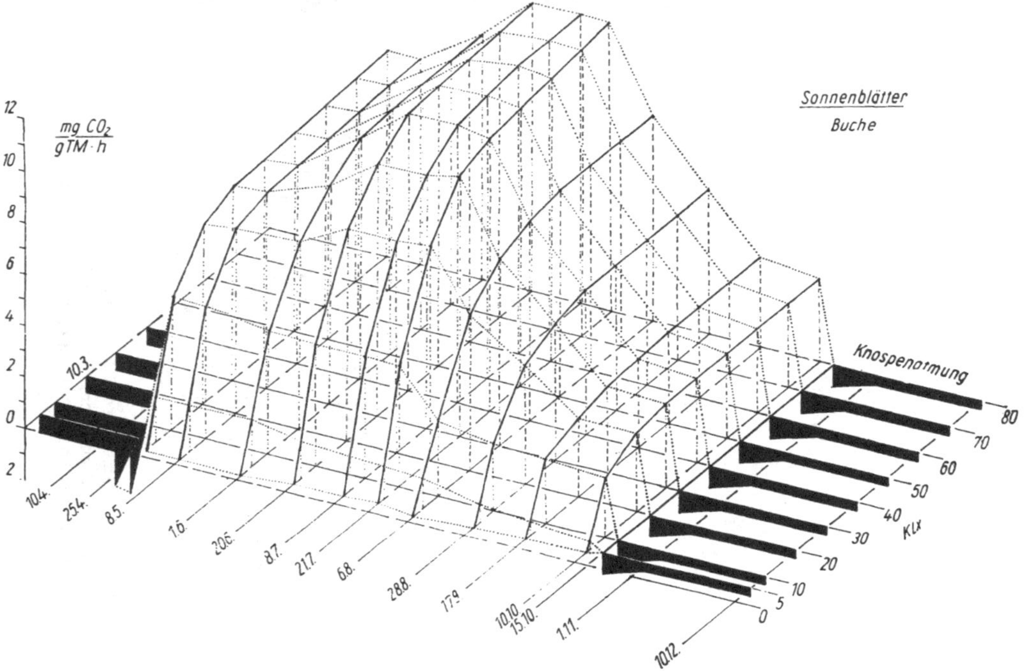

Abb. 11. Einfluß von Jahreszeit und Beleuchtungsstärke auf die Nettophotosynthese von Sonnenblättern der Rotbuche, bezogen auf Trockenmasse. — Nach SCHULZE & KOCH (1971), verändert

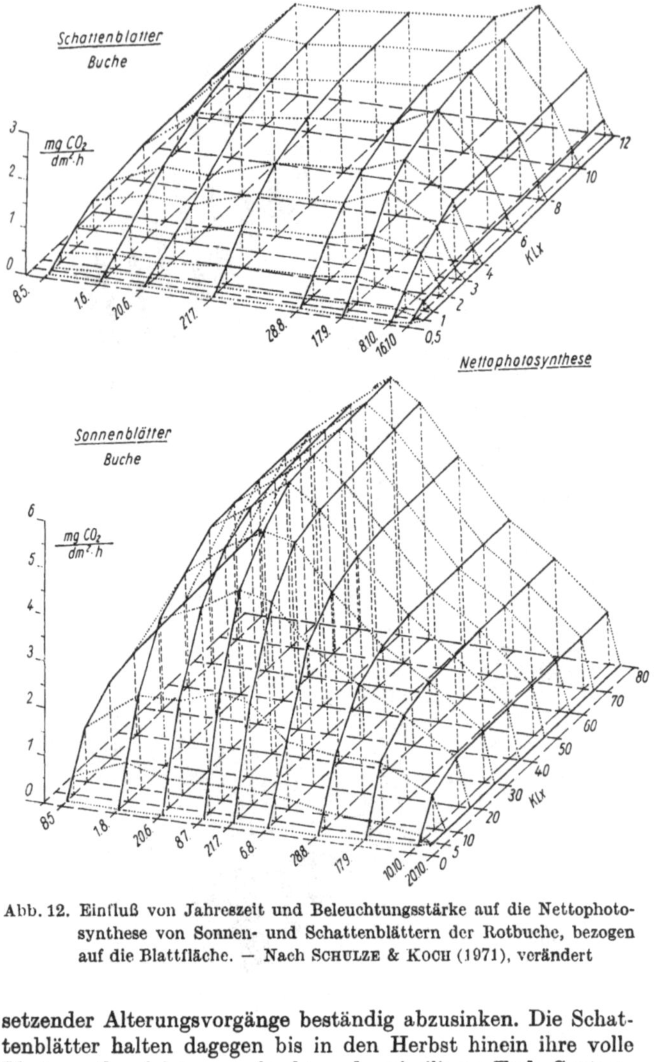

Abb. 12. Einfluß von Jahreszeit und Beleuchtungsstärke auf die Nettophotosynthese von Sonnen- und Schattenblättern der Rotbuche, bezogen auf die Blattfläche. – Nach SCHULZE & KOCH (1971), verändert

setzender Alterungsvorgänge beständig abzusinken. Die Schattenblätter halten dagegen bis in den Herbst hinein ihre volle Photosyntheseleistung aufrecht und assimilieren Ende September etwa doppelt so viel CO_2 wie die Sonnenblätter. Dadurch wird die Jahresgesamtleistung der Schattenblätter fast ebenso groß (ca. 93%) wie die der Sonnenblätter, wenn man von der Trockenmasse ausgeht. Gemessen an der Gesamtblattfläche dagegen beträgt die Nettophotosynthese in Schattenlage etwa 42% im Vergleich zu den besonnten Kronenbereichen. Fast ein Fünftel (18—19%) der photosynthetischen Gesamtproduktion geht durch Nachtatmung der Blätter und Gesamtatmung der Knospen verlustig.

2.1.3. *Lichtnutzung von* C_3- *und* C_4-*Pflanzen*

Die biochemischen Prozesse der CO_2-Assimilation („*Dunkelreaktion*") bei der Photosynthese der höheren Pflanzen verlaufen nach heutiger Kenntnis auf zwei Hauptwegen, die jedoch erhebliche Unterschiede im Lichtnutzungsvermögen und damit der Produktionsleistung der betreffenden Gewächse bedingen. Hier seien einige Grundzüge gekennzeichnet, ohne daß auf Einzelheiten eingegangen werden kann (Abb. 13).

C_3-Zyklus (CALVIN), Mehrzahl der höheren Pflanzen: CO_2 wird von Ribulose-Diphosphat (RuDP) als Akzeptor aufgenommen. Die daraus gebildete Phosphoglyzerinsäure (PGS) wird durch Wasserstoff und ATP, beide aus der „*Lichtreaktion*" stammend, zu Glyzerinaldehydphosphat (GPA) reduziert (sämtlich Triosen, daher „C_3"), und daraus werden über verschiedene Zwischenprodukte in einem komplizierten Kreislaufsystem sowohl Assimilate (Kohlenhydrate) aufgebaut wie auch die Akzeptorsubstanz RuDP regeneriert.

Sämtliche Vorgänge spielen sich innerhalb ein und derselben Zelle ab. Die Intensität der CO_2-Aufnahme wird wesentlich von der Reaktionsgeschwindigkeit bestimmt, mit der das Enzym RuDP-Carboxylase (Carboxy-Dismutase) die Anlagerung von CO_2 katalysiert und die Akzeptorsubstanz RuDP im nachfolgenden Stoffkreislauf regeneriert wird.

C_4-Zyklus (HATCH-SLACK-KORTSCHAK).

Bisher sind fast 950 Arten aus 18 Familien mit C_4-Zyklus bekannt, davon die überwiegende Mehrzahl tropische und subtropische Gräser (darunter so bedeutende Kulturpflanzen, wie Mais und Zuckerrohr), aber auch aus zahlreichen zweikeimblättrigen Gattungen, wie vor allem: *Amaranthus*, *Atriplex*, *Boerhaavia*, *Chrysanthemum*, *Euphorbia*, *Gomphrena*, *Helio-*

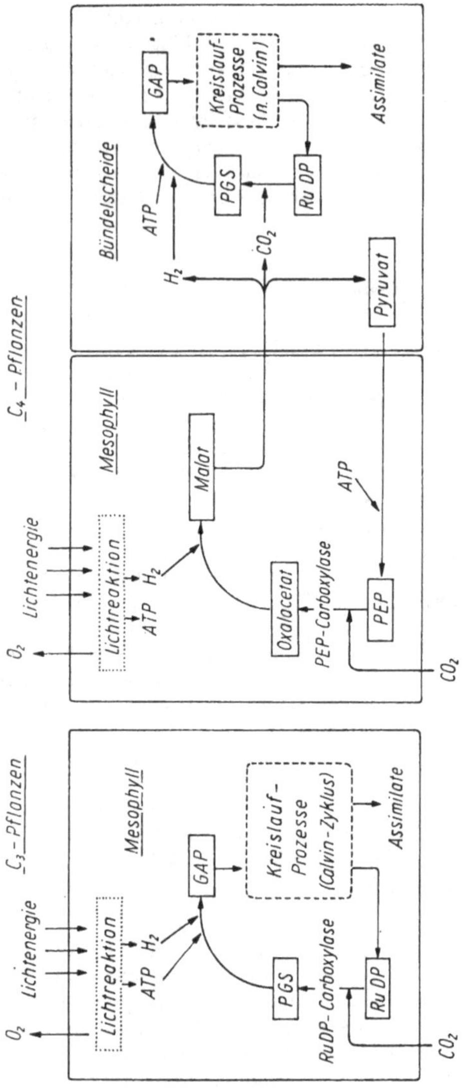

Abb. 13. Schema der Photosyntheseprozesse (Dunkelreaktion) bei C_3- und C_4-Pflanzen (stark vereinfacht). — a) CALVIN-Zyklus, b) HATCH-SLACK-KORTSCHAK-Zyklus. GAP — Glyzerinaldehydphosphat; PGS — Phosphoglyzerinsäure; PEP — Phosphoenolpyruvat; RuDP — Ribulosediphosphat

tropium, Haloxylon, Kochia, Pectis, Portulaca, Salsola, Suaeda, u. a. (Downton, 1975; Raghavendra & Das, 1978).

CO_2 wird hier von Phospho-Enol-Pyruvat (PEP) als Akzeptor aufgefangen. Das daraus gebildete Oxalacetat wird durch den aus der Lichtreaktion stammenden Wasserstoff zu Malat (Äpfelsäure) reduziert. Malat wird als Halbfabrikat an Nachbargewebe weitergeleitet (z. B. Bündelscheidenzellen bei tropischen Gräsern), wo wieder eine Trennung in Pyruvat, Wasserstoff und CO_2 erfolgt, das nun, gemeinsam mit dem Wasserstoff, in einem normalen Calvin-Zyklus, über Anlagerung an Ribulosediphosphat zu Assimilaten aufgebaut wird. Der produktionstechnische Vorteil wird im wesentlichen durch drei Faktoren erreicht: Erstens hat das die CO_2-Anlagerung katalysierende Enzym PEP-Carboxylase eine beträchtlich größere Affinität zu CO_2 als die RuDP-Carboxylase; dadurch erfolgt die CO_2-Aufnahme rascher und intensiver, so daß auch sehr geringe CO_2-Mengen aus der umgebenden Luft aufgenommen werden können. Zum zweiten ermöglicht die Arbeitsteilung innerhalb der gesamten Prozeßkette eine ungestörte CO_2-Aufnahme, die nicht durch den komplizierten Regenerationsmechanismus des Ribulosediphosphats behindert wird. Hohe Lichtstärke, wie sie in den Tropen zuweilen nur für wenige Stunden am Tag gegeben ist, kann auf diese Weise mit voller Effektivität genutzt werden; die Aufarbeitung der angehäuften Halbfabrikate kann sich dann über ausreichende Zeit, auch bis in die Nacht hinein, erstrecken. Drittens zeigen die C_4-Pflanzen (Malat und Oxalacetat haben 4 C-Atome) keine Lichtatmung, wodurch erhebliche Substanzverluste in der Stoffproduktion vermieden werden.

Insgesamt erreichen die C_4-Pflanzen eine zwei- bis dreifach so hohe Nettophotosynthese wie die C_3-Gewächse, die durch die mit diesem Stoffwechseltypus verbundene Lichtatmung zu hohe Produktionsverluste hinnehmen müssen.

Zum Vergleich gibt Tabelle 1 einige Richtzahlen für die Nettophotosynthese verschiedener ökologischer Pflanzentypen; Tabelle 2 stellt die Photosyntheseleistung einiger C_3- und C_4-Pflanzenarten gegenüber.

Tabelle 1

Maximale Nettophotosynthese, Dunkelatmung, Beleuchtungsstärke für Kompensationspunkt und Lichtsättigung von Sonnen- und Schattenpflanzen (nach Angaben mehrerer Autoren, zusammengestellt aus LARCHER 1976)

	Maximale Netto-photosynthese	Dunkel-Atmung	Beleuchtungsstärke im Kompensationspunkt	Beleuchtungsstärke bei Lichtsättigung
	mg CO_2/gTM/Std.		KLx	KLx
Krautige Pflanzen				
Hochleistungspflanzen (C_4)	60–140	3–8	1–3	80
Landwirtschaftliche Nutzpflanzen (C_3)	30–60	3–8	1–2	30–80
Sonnenkräuter	30–80	5–8	1–2	50–80
Schattenkräuter	10–30	2–5	0,2–0,5	5–10
Sommergrüne Holzpflanzen:				
Lichtblätter	15–25	ca. 0,7	1–1,5	25–50
Schattenblätter	5–10	ca. 0,3	0,3–0,6	10–15
Immergrüne Holzpflanzen:				
Lichtblätter	3–18	ca. 1,0	0,5–1,5	20–50
Schattenblätter	3–18	ca. 0,2	0,1–0,3	5–10

C_4 – Pflanzen mit C_4-Photosynthesezyklus (S. 31)
C_3 – Pflanzen mit C_3-Photosynthesezyklus (S. 31)

2.1.4. Tagesgang der CO_2-Assimilation in Einzelpflanzen

Die in den Lehrbüchern der Pflanzenphysiologie abgebildeten Kurven für die Lichtabhängigkeit der Nettophotosynthese wurden in der Regel unter Laboratoriumsbedingungen ermittelt, d. h. künstliche Lichtquelle mit fester Spektralzusammensetzung, gleichbleibende, meist senkrechte Exposition der Blätter, konstante sonstige Umweltbedingungen (vor allem Temperatur, Luftfeuchtigkeit, CO_2-Angebot), sowie optimale Wasserversorgung. In der freien Natur ändern sich mit der wandernden Sonne im Laufe eines Tages Stärke, Einfallswinkel und -richtung des eingestrahlten Lichtes und auch dessen Spektralzusammensetzung, indem gegen Nachmittag der Anteil der längerwelligen gelben und roten Strahlungsanteile allmählich zunimmt. Parallel dazu ändern sich Temperatur, Luftfeuchte, und es kann zu Schwierigkeiten in der Wasserversorgung der oberirdischen Pflanzenteile kom-

Tabelle 2

Durchschnittliche Nettophotosynthese in Einzelblättern von C_3- und C_4-Pflanzen bei hoher Beleuchtungsstärke und natürlichem CO_2-Angebot (nach mehreren Autoren, zusammengestellt aus ZELITCH 1971)

C_3-Pflanzen	mg $CO_2/dm^2 \cdot h$	C_4-Pflanzen	mg $CO_2/dm^2 \cdot h$
Tabak	16–21	Mais	46–63
Zuckerrübe	24–28	Zuckerrohr	42–49
Weizen	17–31	Hirse	55
Bohne	12–17	Bermudagras	35–43
Eiche	10	Amaranthus	58
Ahorn	6		
Hartriegel	7		

men (vgl. Teil I, S. 72). Alle diese Faktoren wirken sich in ihrer Gesamtheit auf die Photosyntheseleistung aus, deren Höhe dadurch keineswegs immer der eingestrahlten Lichtmenge proportional ist.

Abbildung 14 zeigt zunächst in schematisierter Form den Verlauf der Nettophotosynthese in Blättern unbeschatteter Einzelpflanzen während eines wolkenlosen Schönwettertages. Die Kurve für die Beleuchtungsstärke verläuft hier annähernd symmetrisch, mit ihrem Maximum in der Mittagsstunde. Die Luft wird erst langsam vom Boden her angeheizt; die Temperaturkurve ist dadurch asymmetrisch, mit dem Höchstwert am frühen Nachmittag, und damit sind die temperaturabhängigen Substanzverluste durch Atmung ebenfalls am Nachmittag größer als vormittags. Die Kurve für die Nettophotosynthese steigt deshalb und aus anderen physiologischen Gründen in den Morgenstunden steil bis auf die Höchstwerte an, die bereits am Vormittag erreicht werden. Die durch die Mittagshitze verstärkte Atmung läßt die Nettophotosynthese wieder ab-

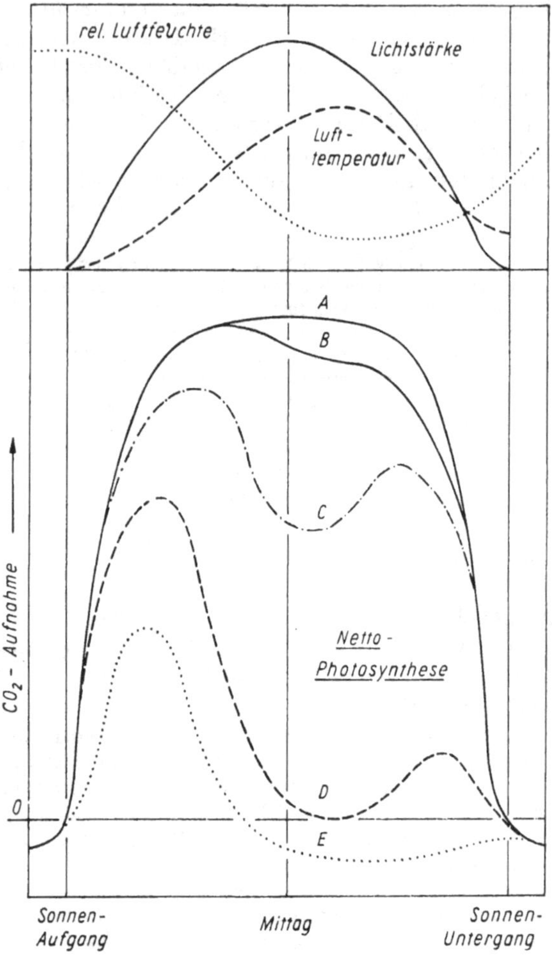

Abb. 14. Tagesgang der Nettophotosynthese, Schema. – Erklärung im Text

sinken, und die Nachmittagswerte sind – auch bei gleicher Beleuchtungsstärke – in der Regel merklich niedriger als am Vormittag.

Auf diesen Lichtstärke-Temperatur-Effekt wirkt sich zusätzlich der Wasserzustand in den Blättern aus. Bei völlig unbehindertem Wassernachschub, z. B. Reispflanzen in Bewässerungskultur, bleibt es bei der eingipfeligen Kurve für die Nettophotosynthese, sofern die Mittagstemperaturen nicht zu hoch sind (A). Bei zu starker Hitze wird die Nettophotosynthese, trotz ungehinderter Wasserversorgung, durch die übersteigerte Atmung vorübergehend beeinträchtigt, erkennbar an einer leichten Eindellung der Kurve (B). Reicht die Wassernachleitung nicht aus, um den Transpirationsverlust der Blätter während der Mittagsstunden voll zu ersetzen, so werden vorübergehend die Spaltöffnungen geschlossen (vgl. Teil I, S. 73), und damit wird auch die CO_2-Aufnahme zeitweilig eingeschränkt oder ganz unterbunden. Die Tageskurve der Nettophotosynthese erscheint dann mit zwei Gipfeln, von denen der Nachmittagswert fast stets niedriger liegt als am Vormittag (C). In dieser Weise verhalten sich die meisten Landpflanzen bei normaler Wasserversorgung. Bei starker Störung des Wassernachschubs aus dem Boden kann die Nettophotosynthese bis auf Null absinken, unter Umständen sogar den Kompensationspunkt unterschreiten, wenn die Atmung in den überhitzten Pflanzenteilen die Photosynthese-Aktivität übersteigt, die infolge der geschlossenen Spaltöffnungen von der CO_2-Zufuhr abgeschnitten und damit weitgehend lahmgelegt wird (D, E). Überdies steigt unter solchen Umständen die Temperatur und damit die Atmung in den Blättern um so stärker an, weil mit der gedrosselten Transpiration auch deren Kühlwirkung ausfällt (S. 52).

Die Photosynthese-Tätigkeit wird zusätzlich durch die Wolkenbildung beeinflußt. Leichte, hochziehende, weiße Wolken (z. B. Cirrus) beeinträchtigen die Photosynthese nicht, können sogar durch Reflexion die Beleuchtungsstärke noch erhöhen. Dichte Bewölkung schwächt sofort drastisch die Netto-Assimilation und kann sie zuweilen bis auf den Kompensationspunkt und darunter senken. In den mittleren geographischen Breiten sind völlig wolkenlose und durchgehend trübe Tage selten; in der Regel wechseln Aufheiterung und unterschiedliche Bewölkung in mehr oder minder rascher Folge. Die Registrierkurven für den Tagesgang der Beleuchtungsstärke verlaufen daher meist sehr unregelmäßig;

ähnlich verhalten sich die Kurven für die Nettophotosynthese, wenn auch etwas ausgeglichener. Insgesamt erreichen dadurch selbst freistehende Einzelpflanzen unter natürlichen Verhältnissen kaum jemals ihre maximale Photosynthese-Leistung (wie sie im Laboratorium gemessen wird), sondern bleiben auch unter günstigen Bedingungen bei 50 bis 70% dieses theoretischen Sollwertes.

Starke Sonnenstrahlung wird außerdem nur von den Hochleistungspflanzen (C_4-Zyklus) bis zur vollen Höhe für die Photosynthese ausgenutzt. Bei den C_3-Pflanzen steigt die Nettoassimilation nur bis zur Lichtsättigung an, die von den Sonnenblättern meist bei etwa 50 kLx, bei Schattenblättern dagegen bereits bei Werten um 10 kLx oder wenig darüber erreicht wird (Abb. 9).

2.1.5. CO_2-*Assimilation in Pflanzenbeständen*

Angaben über die Abhängigkeit der Nettophotosynthese von der Beleuchtungsstärke und ihre Lichtkurven bei Einzelblättern gelten nicht für die Gesamtassimilationsleistung von Pflanzenbeständen oder Baumkronen. Die Sonnenstrahlen können hier in ein räumlich tief gestaffeltes Laubwerk mit einer Vielzahl einander überdeckender und beschattender, nach allen Richtungen ausgebreiteter Blätter eindringen und diese mit unterschiedlicher Lichtmenge versorgen.

Die Abschwächung des eindringenden Lichts hängt in erster Linie von der Bestandes- bzw. Kronendichte ab. Lichte Baumkronen (Kiefer, Lärche, Birke) lassen noch 10—20% der ankommenden Strahlung bis zur Kronenmitte vordringen. Schattenkronen (Buche, Fichte) bieten in ihrem Inneren nur 1—3% des vollen Lichtgenusses. Auch auf den Boden eines Waldes gelangen nur wenige Prozent der Strahlung, die zum überwiegenden Teil von den Baumkronen abgefangen wird (Abb. 15). Gleiches gilt für dichte Kulturpflanzenbestände, bei denen die Hauptmenge des ankommenden Sonnenlichts von den obersten Schichten der Pflanzendecke aufgefangen wird. Die Blätter im Bestandes- bzw. Kroneninneren sind an geringen

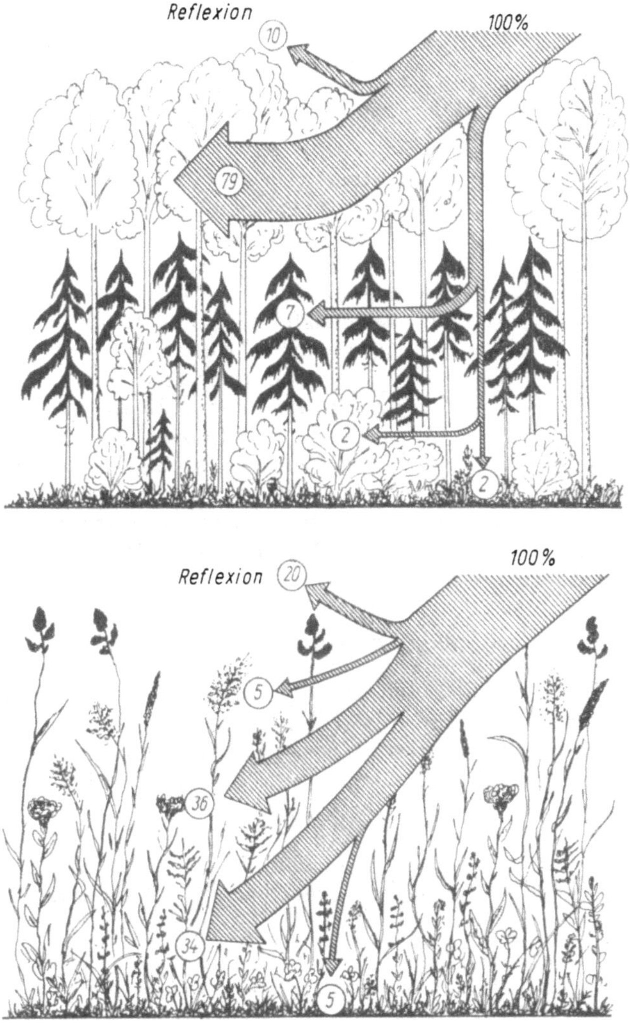

Abb. 15. Lichtverteilung in einem Wald und einer Wiese. – Nach LARCHER, (1976), verändert

Lichtgenuß angepaßt und vermögen auch schwaches Licht für die Photosynthese zu nutzen. Nur bei einem Lichtgenuß von weniger als 0,5% gedeihen keine Blätter mehr; dann entsteht ein dunkler Kronen-Innenraum ohne Laubwerk (z. B. bei Zypressengewächsen).

Auf diese Weise kommen zwar die Sonnenblätter am Kronen- bzw. Bestandesrand in den Genuß des vollen Tageslichts, das weiter innen gelegene Laub erhält jedoch meist nicht ausreichend Licht für die Photosynthese, trotz seiner physiologischen Anpassung an die Beschattung. Erhöht sich die Beleuchtungsstärke über den Lichtsättigungswert der randständigen Sonnenblätter hinaus, so können diese die gebotene Lichtfülle nicht mehr voll für die Photosynthese nutzen; das verstärkte Licht kommt jedoch den tiefer gelegenen Blättern zugute, die nun besser mit Energie für ihre Stoffproduktion versorgt werden. Die Nettophotosynthese von Pflanzenbeständen oder Baumkronen zeigt daher bei zunehmender Beleuchtungsstärke keine sich abflachende Kurve, sondern nimmt annähernd linear mit der Lichtmenge zu, bis zu deren höchsten in der Natur vorkommenden Werten.

2.1.6. *Beleuchtungsstärke und Stoffproduktion*

Von der durch die Photosynthese aufgebauten Assimilation geht für die Stoffproduktion noch derjenige Anteil verlustig, der als Betriebsstoff für die gesamte Atmung der Pflanzen verbraucht wird. Die Werte für die Nettophotosynthese bei gegebener Beleuchtungsstärke liegen daher stets höher als die damit verbundene Primärproduktion. Dies wird besonders deutlich beim Existenzminimum an Lichtenergie, das für aktives Pflanzenleben erforderlich ist.

Der *minimale Lichtgenuß*, bei dem die Pflanze noch gedeiht (vgl. Teil I, S. 105), ist nicht gleich dem Kompensationspunkt, sondern muß zwangsläufig höher liegen. Im Kompensationspunkt wird gerade so viel produziert, wie im Augenblick wieder durch Atmung verbraucht wird; Reserven werden nicht angelegt.

Für eine normale Entwicklung muß aber tagsüber so viel produziert werden, daß davon die Betriebsenergie für die Nacht sowie für die chlorophyllfreien Pflanzenteile bestritten wird und außerdem genügend Baumaterial für den Pflanzenkörper verfügbar ist. Die Bildung von Blüten und Früchten erfordert dabei zusätzliche Produktionsleistungen.

Die Stoffproduktion in den Kronen einzelner Bäume oder ganzer Baumbestände wird vornehmlich von zwei Faktoren gesteuert: Bei gesicherter, reichlicher Wasserversorgung begrenzt der Lichtgenuß die Produktivität. Sie ist am höchsten im gut ausgeleuchteten Wipfel, am niedrigsten im dunkelsten Kronenschatten. In trockener Luft geht die Produktion der Schattenblätter rasch zurück, weil sie wegen ihrer Empfindlichkeit gegen Transpirationsverluste die Spaltöffnungen frühzeitig schließen. Trocknet schließlich der Boden aus, so müssen auch die Sonnenblätter ihre Photosynthese einschränken; am längsten halten sich dann die relativ am besten mit Wasser versorgten Wipfeltriebe.

Insgesamt hängt die Effektivität der Primärproduktion, im Vergleich zur Nettophotosynthese, unter sonst gleichen Außenbedingungen wesentlich von der Proportion zwischen Zellen mit und ohne Chloroplasten ab. Am rationellsten arbeiten die einzelligen Algen sowie andere niedere Pflanzen (vielzellige Algen und Moose), die nur einen geringfügigen Anteil an chlorophyllfreien Zellen besitzen. Hier fällt praktisch nur die Nachtatmung ins Gewicht. Am stärksten ist der Substanzverlust bei den Gehölzen, wo im wesentlichen nur die Blätter photosynthetisch tätig sind und mit ihrer Produktionsleistung den gesamten Bedarf an Bau- und Betriebsstoffen für die Entwicklung des Holzkörpers und des Wurzelsystems decken müssen. Die Abhängigkeit der Stoffproduktion von der Beleuchtungsstärke läßt sich daher auch nicht durch eine allgemeingültige Regel erfassen, sondern hängt ebenso sehr vom Vegetationstyp wie von den Klima- und Bodenbedingungen ab und soll daher gesondert für die einzelnen Vegetationsformationen charakterisiert werden (S. 111f.).

2.2. *Temperatur*

2.2.1. *Temperaturgrenzen für die Photosynthese*

Die Temperaturgrenzen für die Stoffproduktion der Pflanzen sind enger gesetzt als die für deren geographische Verbreitung. Auch starke Hitze und strenge Kälte können von lebenden Organismen im physiologischen Ruhezustand für eine gewisse Zeit überdauert werden. Stoffproduktion fordert jedoch einen hochaktiven Plasmazustand und wird damit auf jene Temperaturbereiche eingeschränkt, die nach unten durch die Schwelle begrenzt sind, wo Kälteschäden die Photosynthese-Tätigkeit in den Zellen behindern, nach oben durch jene Hitzegrade, bei denen die Inaktivierung der Enzyme und die Zerstörung der Plasmastrukturen beginnt. Diese Temperaturspanne ist weder starr noch einheitlich. Sie ist nicht nur artgebunden, sondern wird auch weitgehend von den Standortbedingungen beeinflußt, wie sie durch die geographische Lage sowie den Wechsel der Tages- und Jahreszeiten gegeben sind.

Standorte mit extremen Temperaturen, vor allem strengem Frost, können nur dann von Pflanzen besiedelt werden, wenn für gewisse Zeit am Tag oder während des Jahres die Temperaturen sich so weit mildern, daß sie nicht nur Photosynthese-Tätigkeit als solche gestatten, sondern ein solches Ausmaß an Stoffproduktionsüberschuß ermöglichen, daß dieser sowohl für Wachstum und Entwicklung während der günstigen Zeit ausreicht, als auch genügend Betriebsstoff-Vorrat für die gesamte temperaturungünstige Periode ergibt, wenn eine Photosynthese kaum oder gar nicht möglich ist.

Die an hohe Temperaturen gewohnten Pflanzen der Tropen und Subtropen stellen im allgemeinen bei Temperaturen noch oberhalb des Gefrierpunktes ihre Photosynthese ein, halten diese jedoch bis über 50 °C aufrecht. Die Pflanzen aus Gebieten mit gemäßigtem Klima können meist auch noch bei leichtem Frost photosynthetisch tätig sein, bis die Eisbildung in den

Geweben diesen Prozeß unterbricht. Ihre Stoffproduktion wird bei Temperaturen über 40°C in der Regel erheblich beeinträchtigt. In kalten Regionen können manche Flechten sogar bei strengem Frost noch zur Photosynthese befähigt sein. Tabelle 3 gibt eine Übersicht über die Temperaturgrenzen der Photosynthese bei einigen ausgewählten Pflanzengruppen.

Tabelle 3

Temperaturgrenzen für die Nettophotosynthese bei Lichtsättigung und natürlichem CO_2-Angebot (nach mehreren Autoren, aus LARCHER 1976)

	Kältegrenze °C	Optimale Temperatur °C	Hitze-grenze °C
Krautige Pflanzen:			
Tropische u. subtropische C_4-Pflanzen heißer Standorte	5 bis 7	35–45	50–60
Landwirtschaftliche Nutzpflanzen (C_3)	–2 bis 0	20–30	40–50
Sonnenkräuter	–2 bis 0	20–30	40–50
Schattenkräuter	–2 bis 0	10–20	um 40
Frühjahrsblüher und Hochgebirgspflanzen	–7 bis –2	10–20	30–40
Gehölze:			
Immergrüne tropische Gehölze	0 bis 5	25–30	45–50
Hartlaubgewächse aus Trockengebieten	–5 bis –1	15–35	42–55
Sommergrüne Laubbäume des gemäßigten Klimas	–3 bis –1	15–25	40–45
Immergrüne Nadelbäume	–5 bis –3	10–25	35–42
Zwergsträucher von Heide und Tundra	etwa –3	15–25	40–45
Flechten kalter Gebiete	–25 bis –10	5–15	20–30

2.2.2. *Grundsätzlicher Temperatureinfluß auf die Photosynthese*

Temperaturanstieg beschleunigt allgemein die biochemischen Prozesse, wirkt sich jedoch unterschiedlich auf Photosynthese und Atmung aus; insbesondere wird die Lichtatmung stärker gesteigert als die Dunkelatmung.

So z. B. läßt eine Temperaturerhöhung um 10 °C im Bereich zwischen 20 und 35 °C die Bruttophotosynthese und Dunkelatmung auf etwa das Doppelte, die ohnedies schon wesentlich höhere Lichtatmung dagegen auf das Drei- bis Vierfache ansteigen. Bei C_3-Pflanzen (S. 31), die im allgemeinen eine hohe Lichtatmung besitzen, wird daher schon bei gemäßigtem Temperaturanstieg der dadurch bedingte Photosynthese-Gewinn durch die hohen Verluste bei der Lichtatmung zunichte gemacht, und die Netto-Photosynthese kommt trotz hoher Beleuchtungsstärke zum Stillstand oder fällt sogar ab.

Abbildung 16a zeigt schematisch die grundsätzlichen Zusammenhänge zwischen Photosynthese und Atmung bei steigender Temperatur. Die Bruttophotosynthese, anfangs durch Enzymaktivierung stark gefördert, kommt von einer bestimmten Temperatur an wegen unzureichenden CO_2-Nachschubs und anderer physiologischer Gründe, vor allem Enzymhemmungen, zum Stillstand und fällt schließlich wieder ab. Die Gesamtatmung nimmt mit steigender Temperatur einen annähernd exponentiellen Verlauf, erreicht bei etwa 50 °C ihr Maximum und bricht dann wegen Hitzeschädigung der Plasmastrukturen zusammen. Subtrahiert man die Atmungswerte von denen der Bruttophotosynthese, so ergibt sich für die Nettophotosynthese eine Optimumkurve, mit Höchstwerten zwischen 20 und 30 °C.

Bei C_4-Pflanzen, die keine oder nur äußerst geringe Lichtatmung zeigen, kommt dagegen die temperaturabhängige Steigerung der Photosynthese-Aktivität voll zur Wirkung, und die Nettophotosynthese nimmt bis zu Temperaturen um 35 °C kräftig zu, wie sie dem tropischen Alltag entsprechen (Abb. 16b).

2.2.3. *Temperaturanpassungen*

Da mit zunehmender Temperatur die Atmung stärker ansteigt als die Photosynthese, verschiebt sich der Kompensationspunkt nach der höheren Beleuchtungsstärke, und für jede Temperatur zeigt die Nettoassimilation eine andere Lichtabhängigkeit (Abb. 17). In der Kälte assimilieren die Pflanzen kräftig schon bei schwachem Licht, erreichen aber ihre höchste Produktivität schon bei 10% Lichtgenuß. Stärkeres Licht kann hier nicht voll genutzt werden. Bei höheren Temperaturen werden die Atmungsverluste so groß, daß bei schwachem Licht die gesamte Stoffproduktion aufgebraucht wird. Erst bei stärkerem

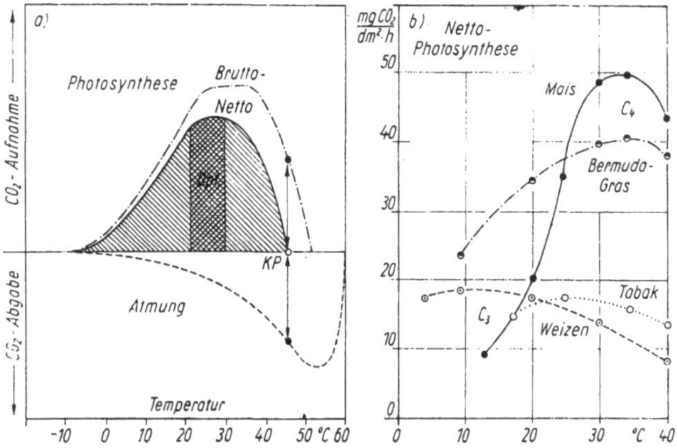

Abb. 16. a) Temperaturabhängigkeit von Photosynthese und Atmung – allgemeines Schema. KP – Kompensationspunkt; Opt. – Optimaler Temperaturbereich für die Nettophotosynthese.
b) Temperaturabhängigkeit der Nettophotosynthese in Einzelblättern von C_3- und C_4-Pflanzen. – Nach mehreren Autoren, aus ZELITCH (1971), verändert

Licht wird die Baustoffbilanz positiv; dann aber wird weit mehr produziert als in der Kälte. Damit zeigt die Nettophotosynthese für jede Lichtstärke ihr eigenes Temperaturoptimum (Abb. 18).

Optimale Stoffproduktion ist bei tiefer Temperatur mit geringer Lichtintensität, bei hoher Temperatur mit starkem Licht gekoppelt. Diese Wechselbeziehung ermöglicht es den Pflanzen, unter kühlen Klimabedingungen auch schwaches Licht für ihre Stoffproduktion zu nutzen. Die Photosynthese kann sogar noch bei Temperaturen ablaufen, die kein Wachstum mehr zulassen.

Die Assimilate werden dann nicht als Baustoffe verwendet, sondern als Reservestoffe eingelagert, vielfach als Zucker (dadurch steigt gleichzeitig der osmotische Wert in den Zellen und erhöht deren Frosthärte).

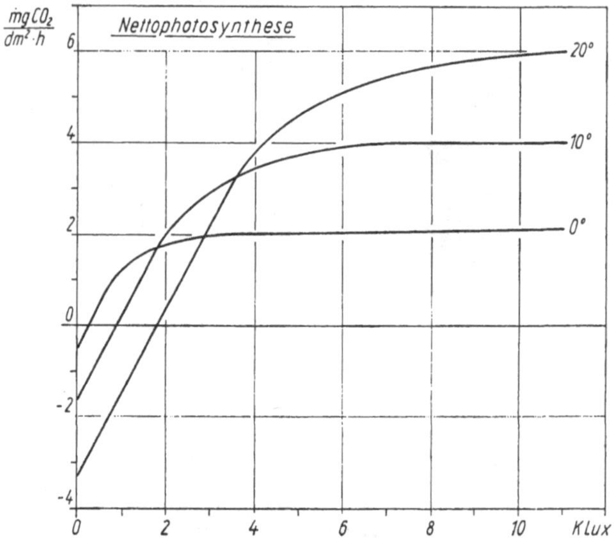

Abb. 17. Einfluß von Temperatur und Beleuchtungsstärke auf die Nettophotosynthese der Polarweide (*Salix glauca*) bei normalem CO_2-Angebot (300 ppm). – Nach MÜLLER (1928)

Auch der Atmungsapparat paßt sich durch veränderte Enzymzusammensetzung und -aktivitäten langfristigen Temperaturunterschieden an, wie sie jahreszeitlich oder durch die großen Klimagürtel bedingt sind. Die optimale Atmungsleistung ist jeweils auf die durchschnittliche Umgebungstemperatur eingestellt. Das bedeutet z. B., daß die Pflanzen in den Tropen trotz der hohen Temperaturen dort nicht stärker atmen als die Pflanzen der gemäßigten Klimagürtel in ihrer Umgebung. Die Atmungssteigerung setzt erst bei Temperaturerhöhung am jeweiligen Standort ein.

Vergleichende Untersuchungen über die Pflanzenatmung

und ihre Enzymaktivitäten müssen diese Zusammenhänge berücksichtigen und dürfen nicht mit Einheitstemperaturen im Laboratorium arbeiten. Eine Temperatur von 20 °C, die als Norm für das Atmungsoptimum der Pflanzen im gemäßigten Klima gilt, ist für die Gewächse der arktischen Tundra schon

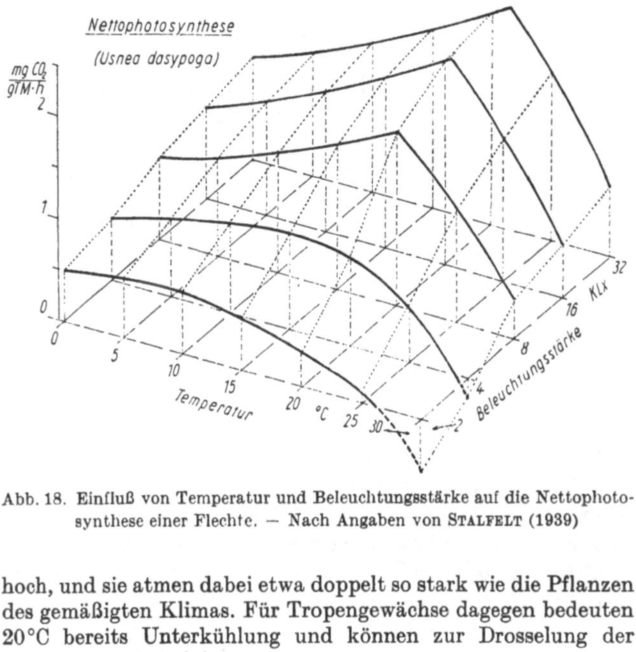

Abb. 18. Einfluß von Temperatur und Beleuchtungsstärke auf die Nettophotosynthese einer Flechte. — Nach Angaben von STALFELT (1939)

hoch, und sie atmen dabei etwa doppelt so stark wie die Pflanzen des gemäßigten Klimas. Für Tropengewächse dagegen bedeuten 20 °C bereits Unterkühlung und können zur Drosselung der Atmungstätigkeit führen.

2.2.4. *Temperaturnachwirkung*

Hohe und tiefe Temperaturen beeinträchtigen Photosynthese und Stoffproduktion nicht nur für die Dauer ihres unmittelbaren Einwirkens, sondern können auch im nachhinein noch maßgeblichen Einfluß ausüben. Am nachhaltigsten machen sich naturgemäß starke, schockartige Hitze- und Kältewirkungen bemerkbar, wie sie unter natürlichen Bedingungen im gemäßigten Klima vor allem bei nächtlichen Spät- oder Frühfrösten auftreten können. Die plasmatischen Strukturen und ihre Lebenstätigkeit werden dadurch so empfindlich gestört, daß die Pflanzen sich nur langsam erholen. Nach Wiederherstellung der günstigen Normaltemperatur bleibt die Photosynthese meist zunächst stark herabgesetzt, unter Umständen gänzlich unterdrückt, und gewinnt erst Stunden oder Tage später ihre volle Leistungsfähigkeit zurück, je nach Dauer und Stärke des Hitze- oder Kälteschocks. Dafür erscheint die Atmung fieberhaft überhöht, als Kennzeichen für den besonderen Energieaufwand, der zur Reparatur innerplasmatischer Schäden eingesetzt werden muß. Wiederholte kleine Effekte, z. B. mehrfache leichte Fröste in aufeinanderfolgenden Nächten, können sich bis zur Wirkung eines starken Effekts summieren. Ausnahmen bilden ausgesprochen frostangepaßte Pflanzen, wie z. B. viele Flechten, die nach dem Auftauen ohne Zeitverzug wieder zu voller Photosynthese befähigt sind.

Bei tropischen Gewächsen kann bereits eine vorübergehende Abkühlung auf Temperaturen zwischen 10 und 20 °C die nachfolgende Photosynthese und Stoffproduktion drastisch herabsetzen. Unter natürlichen Verhältnissen kann dies besonders die Leistungsfähigkeit solcher Kulturpflanzen beeinträchtigen, die in der äquatorialen Zone mit ihren sehr geringen tages- und jahreszeitlichen Temperaturunterschieden gezüchtet wurden, an diese Umweltbedingungen angepaßt sind, und dann in den tropischen Randgebieten angebaut werden, wo die nächtlichen Temperaturen während der Wintermonate zuweilen bis unter 10 °C absinken.

Nicht nur extreme Temperaturen haben ihre Nachwirkung auf Photosynthese und Stoffproduktion, sondern auch die in einem gegebenen Klimagebiet normal auftretenden Temperaturschwankungen. So kann die bei der Samenkeimung herrschende Temperatur sich noch über Monate hinweg auf die nachfolgende Stoffproduktion auswirken. Kreuzkraut-Saatgut, unter verschiedenen Temperaturen angekeimt, aber anschließend unter einheitlichen Außenbedingungen weiterkultiviert, ergab bei einer Keimungstemperatur von 23°C eine siebenfach höhere Trockenmasseproduktion als bei 10°C Keimtemperatur (KNAPP 1967). Dieses Beispiel unterstreicht die Bedeutung der Aussaatzeit und der dabei herrschenden Temperaturverhältnisse für die nachfolgenden Prozesse von Wachstum, Stoffproduktion und Ertragsbildung landwirtschaftlicher Pflanzkulturen.

Temperaturmittelwerte, vornehmlich für meteorologische Zwecke bestimmt, haben für das Leben der Pflanzen und ihre Stoffproduktion weit weniger Bedeutung als die Temperaturspanne, aus der das jeweilige Mittel errechnet wurde. Gleichbleibende Temperaturen, auch wenn sie im physiologischen Kurzzeitexperiment für optimal befunden wurden, wirken sich im allgemeinen weitaus weniger förderlich auf Stoffproduktion und Ertrag aus, als — bei gleichem Tagesmittel — ein gewisser Temperaturwechsel zwischen Tag und Nacht, der in Mitteleuropa für die Mehrzahl der Pflanzen die günstigste Wirkung mit einer Spanne von 10 bis 15 °C erreicht. Der Vorteil eines solchen täglichen gemäßigten Temperaturwechsels beruht darauf, daß die verschiedenen Teilprozesse der Stoffproduktion, von der Photosynthese bis zum Assimilattransport und zum Aufbau neuer Gewebe, sehr unterschiedlich von der Temperatur gefördert oder gehemmt werden, eine regelmäßige maßvolle Temperaturschwankung daher am besten den verschiedenen Temperaturoptima gerecht wird.

Insbesondere sind hohe Nachttemperaturen ungünstig. Sie beschleunigen zwar die Wachstumsvorgänge; der gesteigerte Substanzverlust durch die erhöhte Atmung zehrt jedoch verstärkt an den im Verlauf der Tages-Photosynthese angelegten Produktionsreserven.

Treffen solch hohe Nachttemperaturen, wie z. B. während der sommerlichen Regenperiode in einigen Tropenländern, mit einer geschwächten Photosynthese-Leistung zusammen, bedingt durch das unzureichende Lichtangebot infolge anhaltender Bewölkung, so kann dies zu schweren Verlusten bei Stoffproduktion und Ertrag führen. Auf den Phillippinen erreicht die Reiserntе in der Regenperiode nur etwa zwei Drittel des während der Trockenzeit eingebrachten Ertrages.

Auch die Bodentemperatur wirkt sich auf Photosynthese und Stoffproduktion aus, jedoch indirekt über die Wurzelaktivität, und diese beeinflußt in erster Linie den Wasserhaushalt. Kalte Bodentemperaturen erschweren die Wasseraufnahme (wegen herabgesetzter Wasserpermeabilität der Zellen) durch die Wurzeln und behindern das Wurzelwachstum, so daß auch die Erschließung neuer Bodenreserven gehemmt und damit die Mineralstoffversorgung beeinträchtigt wird. Dieses Verhalten ist jedoch ebenfalls art- und umweltabhängig. Bodenkälte, mit Temperaturen um den Gefrierpunkt oder knapp darüber, behindert die Wurzelaktivität weit weniger bei Pflanzen kühler Standorte oder mit jahreszeitlich frühem Entwicklungsbeginn als bei wärmeliebenden Gewächsen, mit z. T. subtropischer Herkunft (Tomate, Gurke, Kürbis, u. a.). Bodenfrost unter −1°C unterbindet im allgemeinen die Wasseraufnahme aus dem Boden und lähmt damit auch weitgehend die Photosynthese und Stoffproduktion in den oberirdischen Organen.

2.3. *Kohlendioxid*

Der normale CO_2-Gehalt der Atmosphäre um 0,03 Vol.-% (300 ppm) ist bereits so gering, daß er die Photosynthese-Kapazität der grünen Pflanzen nicht auslastet und für diese einen chronischen Rohstoff-Engpaß bildet. Er sinkt tagsüber in der Nähe eines Pflanzenbestandes noch weiter ab, wenn hier CO_2 für die Photosynthese verbraucht wird. Insbesondere bei Windstille verarmt die Luft an CO_2 über den assimilierenden Blättern. Leichter Wind wirkt daher produktionsfördernd; er durchmischt die Luftschichten und führt neue Kohlensäure heran, so daß das CO_2-Diffusionsgefälle zwischen Blattinnerem und Umgebung erhalten bleibt.

Starker Wind wirkt dagegen produktionsschädigend. Entweder trocknen die Blätter zu stark aus, was zum Verschluß der Spaltöffnungen führt und damit auch die CO_2-Zufuhr unterbricht, oder es wird im Extremfall über mechanische Schädigung der plasmatischen Strukturen der pflanzliche Produktionsapparat unmittelbar angegriffen.

Die stärkere Verarbeitungskapazität für CO_2 in den grünen Pflanzen bietet die Möglichkeit, die Photosynthese durch erhöhtes Angebot zu steigern. Diese Produktionssteigerung verläuft annähernd linear bis etwa 0,1 Vol.-% (1000 ppm) CO_2, flacht dann allmählich ab. Mit erhöhter CO_2-Zufuhr wird auch

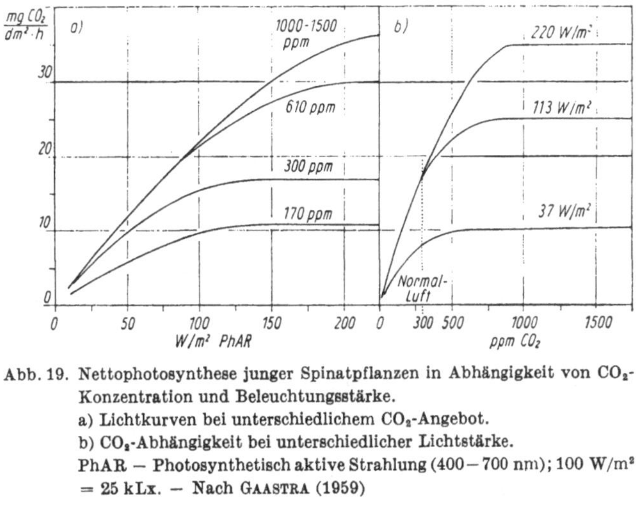

Abb. 19. Nettophotosynthese junger Spinatpflanzen in Abhängigkeit von CO_2-Konzentration und Beleuchtungsstärke.
a) Lichtkurven bei unterschiedlichem CO_2-Angebot.
b) CO_2-Abhängigkeit bei unterschiedlicher Lichtstärke.
PhAR – Photosynthetisch aktive Strahlung (400 – 700 nm); 100 W/m² = 25 kLx. – Nach GAASTRA (1959)

starkes Licht weit besser zur Stoffproduktion genutzt (Abb. 19). Konzentrationen über 1 Vol.-% CO_2 wirken bereits giftig auf die meisten Pflanzen.

Auf natürliche Weise wird CO_2 im Boden angereichert. Die Bodenlebewesen und Pflanzenwurzeln scheiden durch ihre Atmung ständig CO_2 aus, am stärksten in den oberen 20 cm des Bodens. Von dort dringt ein Teil der Kohlensäure in tiefere Schichten, wo die CO_2-Konzentration auf 8% ansteigen kann, Der größte Teil der Bodenkohlensäure aber diffundiert in die bodennahe Luftschicht. Über humusreichem Waldboden kann bei Windstille nachts der CO_2-Gehalt der Luft auf den dreifachen Normalwert ansteigen und kommt hier morgens der Krautschicht zugute. Im Stammraum nimmt der CO_2-Gehalt der Luft wieder ab und sinkt im Kronenraum als Folge der Tages-Photosynthese unter den Normalwert.

Die Bodenatmung wird durch alle Maßnahmen verstärkt, die das Leben der Mikroorganismen fördern, vor allem durch gute Düngung. Der Gartenbau nutzt dies in den Frühbeeten zur Steigerung der Produktion aus. Auch ganze Gewächshausanlagen können mit CO_2 aus Industrieabgasen gedüngt werden, um höhere Erträge zu erzielen. Derartige Großeinrichtungen werden vor allem zur Gemüseversorgung von Städten eingerichtet.

Jedoch kann auch ein optimales CO_2-Angebot in der Luft von der Pflanze in der Regel nur dann verarbeitet werden, wenn ihr Gesamtgasaustausch intakt ist, der wiederum eng mit dem Wasserhaushalt verkoppelt ist.

2.4. Wasser

Bei guten Lichtverhältnissen und günstiger Temperatur wird die Wasserversorgung zum beherrschenden Faktor für die Stoffproduktion der Pflanzen. Wasser wird dabei unmittelbar als Rohstoff für den Photosynthesevorgang sowie als Bestandteil auch fast aller sonstigen biochemischen Syntheseprozesse benötigt, doch ist dieser Bedarf verschwindend gering im Vergleich zu dem Wasseranteil, der zur Aufrechterhaltung des für aktive Stoffwechseltätigkeit erforderlichen plasmatischen Quellungszustandes notwendig ist und meist mehr als 80% der gesamten Frischmasse beträgt. Noch größer ist die Wassermenge, die insbesondere an trocken-heißen Tagen als Transpirationsstrom durch die Pflanze passiert, dabei Mineralstoffe aus dem Boden der Pflanze zuführt und bei der nachfolgenden Verdunstung die Temperaturren an den Blattoberflächen senkt. Wasserversorgung und ganz besonders Wassermangel beeinflussen daher in entscheidender Weise sowohl unmittelbar die Photosynthese-Aktivität als auch die übrigen Prozesse der Stoffproduktion und deren Ergebnisse.

2.4.1. *Wasserhaushalt und Photosynthese bei höheren Pflanzen*

Da das für den unmittelbaren Photosyntheseprozeß benötigte Wasser im allgemeinen ausreichend in den Zellen vorhanden ist, wirken sich kurzfristige Schwankungen in der Wasserversorgung in erster Linie indirekt über die Spaltöffnungsweite aus, von der gleichzeitig die Stärke der Transpiration und CO_2-Zufuhr abhängt.

Angespannter Wasserhaushalt, der zur Verengung oder zum völligen Verschluß der Spaltöffnungen führt, kann grundsätzlich zwei Ursachen haben, die oft auch gemeinsam wirken. Zum ersten begrenzt das Angebot an pflanzenverfügbarem Wasser im Boden den möglichen Wasserverbrauch. Tritt hier Mangel ein, so werden die Spaltöffnungen für längere Zeit geschlossen, und damit wird die Photosynthese-Tätigkeit gedrosselt. Aber auch bei ausreichendem Wasservorrat im Boden kann die Luft bei großer Trockenheit so starke Saugkräfte entwickeln, daß die übersteigerten Transpirationsverluste in den Blättern nicht rasch genug über die Wasserleitungsbahnen der Pflanze ersetzt werden können (vgl. Teil I, S. 82), und es kommt zum vorübergehenden Spaltenschluß mit entsprechender Photosynthese-Depression (Abb. 14, S. 37). Je trockener die Luft ist, um so häufiger und früher tritt dieser vorübergehende Spaltenschluß ein, und trotz gleicher Beleuchtungsstärke und Temperatur bleibt die Photosynthese-Aktivität in trockener Luft schwächer als bei hoher Luftfeuchte. Abbildung 20 zeigt als Beispiel die Wechselwirkung der drei genannten Faktoren auf die Nettophotosynthese von Buchenblättern.

Dieser komplexe Einfluß von Lichtstärke, Temperatur, Bodenwasserversorgung und Luftfeuchtigkeit wirkt sich wiederum unterschiedlich auf die Pflanzen je nach dem Grad ihrer Dürrehärte aus (Teil I, S. 92), von der vor allem die Austrocknungsfähigkeit des Protoplasmas und die Saugkraft im Wurzelsystem maßgeblich abhängen. Dadurch können am gleichen Standort die dort lebenden

Pflanzen je nach Art, Alter und Entwicklungszustand bei Wassermangel oft ein ganz verschiedenartiges Photosynthese-Verhalten während eines Tages zeigen (Abb. 21).

Allgemein schränkt eine Pflanze um so früher ihren

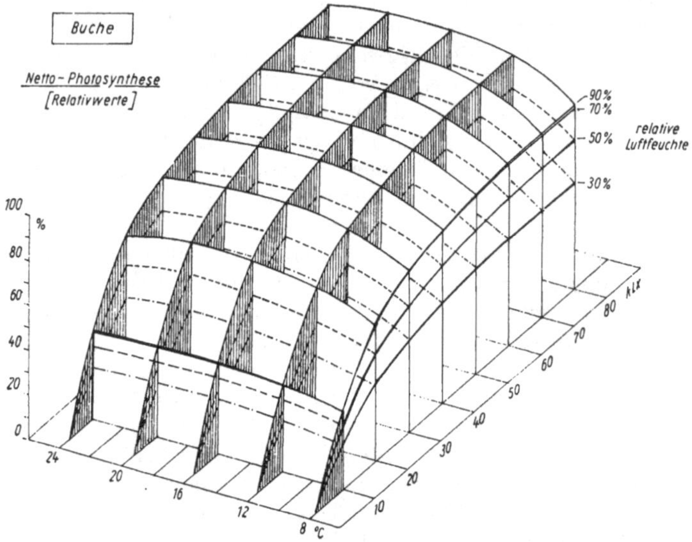

Abb. 20. Einfluß von Beleuchtungsstärke, Temperatur und relativer Luftfeuchte auf die Nettophotosynthese von Buchenblättern (Lichtkrone), Relativwerte. – Nach SCHULZE & KOCH (1971), leicht verändert

Gaswechsel und damit die Photosynthese ein, je empfindlicher ihre Zellen gegen Wasserverlust sind. Dabei ist die Spanne für den Austrocknungsgrad zwischen beginnender Einschränkung und totaler Unterbindung der Nettophotosynthese unterschiedlich und hängt von der Pflanzenart sowie deren Anpassungsfähigkeit ab (Abb. 22). Schattenpflanzen und -blätter, Gewächse feuchter Standorte und zahlreiche Bewässerungskulturen reagieren bereits auf geringfügige Störungen in der Wasser-

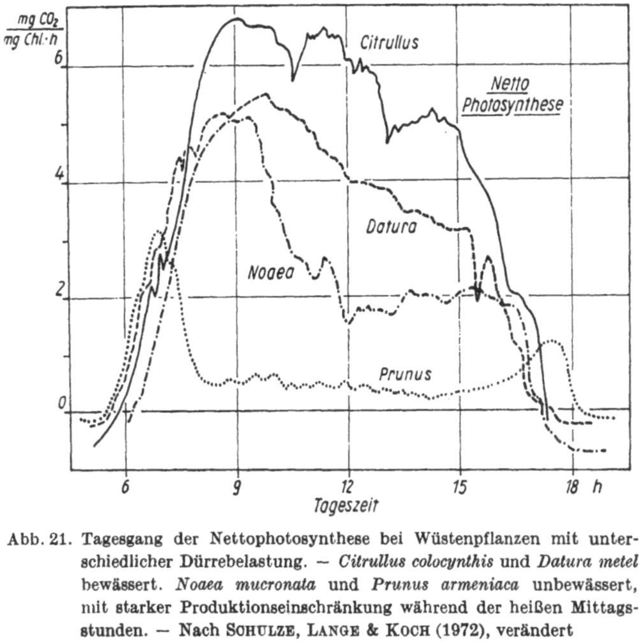

Abb. 21. Tagesgang der Nettophotosynthese bei Wüstenpflanzen mit unterschiedlicher Dürrebelastung. – *Citrullus colocynthis* und *Datura metel* bewässert. *Noaea mucronata* und *Prunus armeniaca* unbewässert, mit starker Produktionseinschränkung während der heißen Mittagsstunden. – Nach SCHULZE, LANGE & KOCH (1972), verändert

versorgung und stellen schon bei schwacher Austrocknung ihre Photosynthese ein. Sonnenpflanzen, bzw. -blätter, sowie generell die an trockene Standorte angepaßten Gewächse halten dagegen auch bei stärkerem Wasserverlust noch eine gewisse Stoffproduktion aufrecht.

Wird die Nettophotosynthese infolge Spaltenschluß nur vorübergehend kurzzeitig eingeschränkt, so erreicht sie bei nachfolgender guter Wasserversorgung rasch wieder ihre volle Höhe. Wird bei länger anhaltendem Spaltenschluß die Photosynthese jedoch völlig unterbunden, so werden die plasmatischen Strukturen als Folge der Austrocknung geschädigt, und die Pflanzen erholen sich nicht sofort wieder. Je nach Dauer und Stärke der Dürrewirkung dauert es eine mehr oder weniger lange

Frist, bis die Nettophotosynthese der betroffenen Pflanzen wieder zu voller Leistungshöhe gelangt. Länger anhaltende Dürreperioden, in subtropischen Trockengebieten jahreszeitlich bedingte Regel, lassen schließlich die gesamten

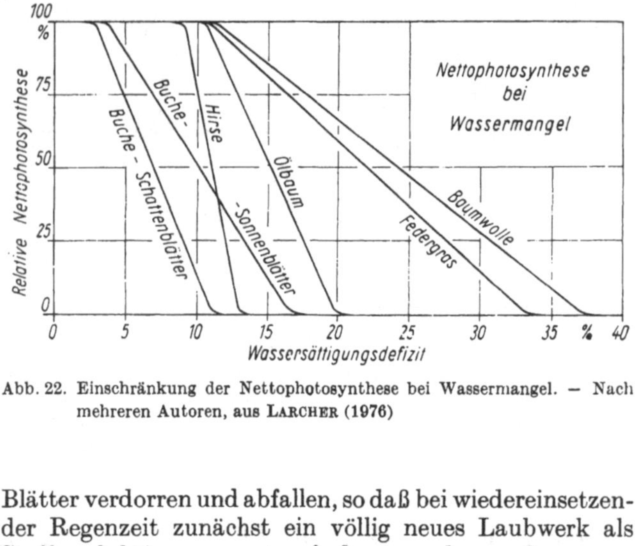

Abb. 22. Einschränkung der Nettophotosynthese bei Wassermangel. – Nach mehreren Autoren, aus LARCHER (1976)

Blätter verdorren und abfallen, so daß bei wiedereinsetzender Regenzeit zunächst ein völlig neues Laubwerk als Stoffproduktionsapparat aufgebaut werden muß.

2.4.2. *Wasserhaushalt und Photosynthese bei niederen Pflanzen*

Bei Land-Thallophyten als poikilohydren Organismen (Teil I, S. 90) ist der Wasserzustand der Zellen gänzlich von der Dampfspannung in der umgebenden Luft abhängig und wechselt damit je nach der relativen Luftfeuchte. Ihre Photosynthesetätigkeit ist diesen raschen und oft großen Wasserhaushaltsschwankungen angepaßt; bei stärkerer Austrocknung wird sie eingestellt, jedoch nach Befeuchtung ohne Verzug wieder voll aufgenommen,

Selbst längere Dürreperioden werden von dem austrocknungsfähigen Plasma ohne Schaden überdauert.

Solche Pflanzen können daher auch kurze Fristen mit günstiger Wasserversorgung zu voller Stoffproduktion nutzen, z. B. Wüstenflechten, die oft nur in den ersten Morgenstunden mit dem nachts aufgesogenen Tau genügend Feuchtigkeit zum aktiven Leben besitzen, dann aber rasch wieder unter der sengenden Sonne in Trockenschlaf fallen (Abb. 23). Der Austrocknungsgrad, bei dem die Nettophotosynthese eingestellt wird (Feuchtekompensationspunkt), liegt im allgemeinen bei Luftalgen um 70%, bei Flechten um 80% und für Moose um 90% der relativen Luftfeuchtigkeit.

2.4.3. Entwicklung unter Wassermangel

Werden bereits die heranwachsenden Jungpflanzen gezwungen, mit nur geringen Wasservorräten im Boden auszukommen, so prägt das nicht nur ihre äußere Erscheinung und den Wasserhaushalt, sondern beeinflußt auch das Verhalten von Photosynthese und Stoffproduktion.

Zieht man Futterpflanzen in trockenem und feuchtem Boden an, so ergeben die Feuchtpflanzen in der Regel einen höheren oberirdischen Ertrag; ihre Produktionsleistung, d. h. die Trockengewichtszunahme je Blattflächeneinheit, ist aber niedriger als bei den Trockenkulturen. Der Widerspruch erklärt sich aus der Baustoffverteilung. Trocken gezogene Pflanzen müssen einen großen Teil ihrer Assimilate zum Ausbau eines umfangreichen und leistungskräftigen Wurzelsystems verwenden sowie für Schutzeinrichtungen gegen zu starke Transpiration; ihre Blätter bleiben klein und sind xeromorpher gebaut. Feuchtpflanzen können dagegen Material und Energie beim Wurzelsystem einsparen und dafür zur Anlage großflächiger Blätter einsetzen. Der um vieles größere Photosyntheseapparat ergibt dann bei mäßiger Einzelleistung je Blattflächeneinheit trotzdem insgesamt einen wesentlich höheren Gesamtertrag an Grünmasse als bei den Trockenpflanzen.

Anzucht unter Trockenheitsbedingungen verzögert auch das Entwicklungstempo des Photosynthese-Vermögens. Abb. 24 zeigt zwei Tagesgänge der Nettophotosynthese von Hafer-

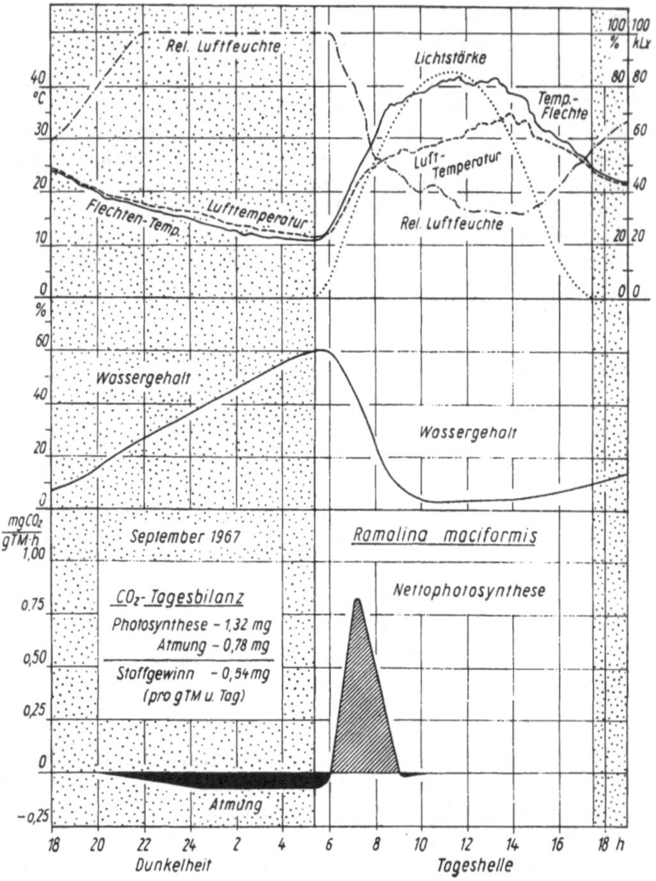

Abb. 23. Tagesgang von CO_2-Gaswechsel und Wassergehalt einer Wüstenflechte (*Ramalina maciformis*). – Nach Lange, Schulze & Koch (1970), Darstellung in Anlehnung an Larcher (1976), verändert

pflanzen, die in Sand-Nährlösungs-Kultur bei fünf konstant gehaltenen Abstufungen des Bodenwasservorrates angezogen wurden. Im Alter von 6 Wochen blieb die Photosyntheseleistung der trocken gehaltenen Pflanzen weit hinter der der Feucht-

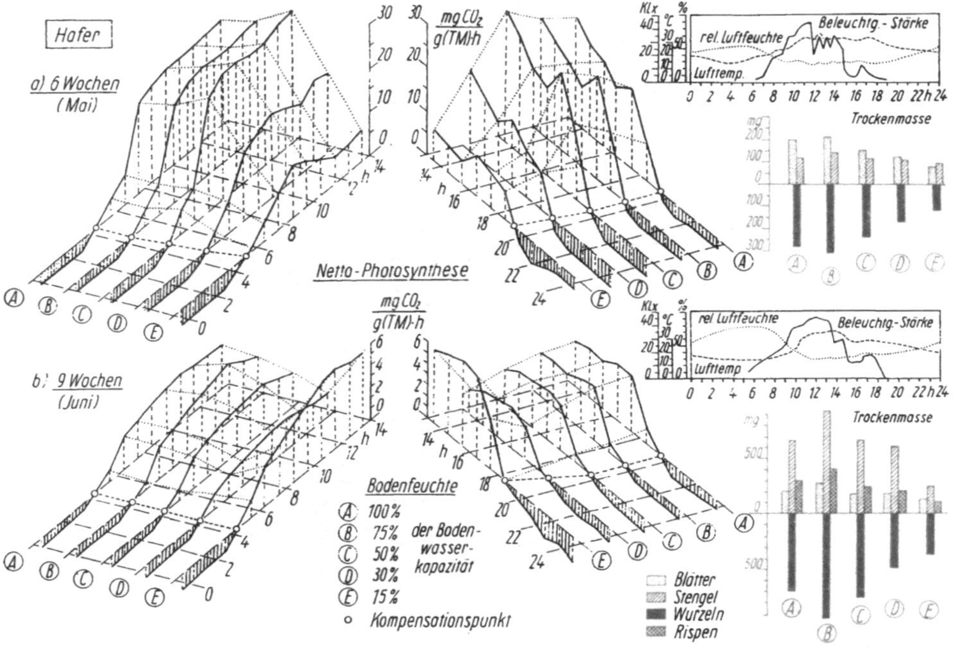

Abb. 24. Einfluß einer abgestuften Wasserversorgung auf die Nettophotosynthese von Haferkulturen (Sand-Nährlösung) verschiedenen Alters. — Nach LERCH & MÜLLER-STOLL (1966). — Aus zeichentechnischen Gründen wurden die Ordinaten-Maßstäbe für die beiden Altersstufen verschieden gewählt

kulturen zurück. Drei Wochen später, als bereits die Rispen entwickelt waren, assimilierten dagegen die Trockenpflanzen bedeutend stärker als die gut mit Wasser versorgten Varianten, deren Photosyntheseaktivität zu diesem Zeitpunkt bereits merklich nachgelassen hatte. Trocken gezogene Pflanzen erreichen somit ihre volle Photosyntheseleistung später als bei reichlicher Wasserversorgung.

Die relativ hohe Photosyntheseleistung der trocken gezogenen Pflanzen wird jedoch nur bei günstigen Lichtverhältnissen erreicht. Am Nachmittag fällt die Leistung meist früher ab als bei guter Wasserversorgung. Auch Änderungen in den Lichtverhältnissen durch wechselnde Bewölkung wirken sich bei reichlicher Wasserversorgung kaum auf die CO_2-Aufnahme aus, machen sich jedoch bei den Trockenkulturen durch stärkeres Absinken der Werte deutlich bemerkbar.

Der offensichtlich größere Lichtbedarf der Trockenpflanzen für ihren photosynthetischen Stoffgewinn zeigt sich auch in der zeitlichen Verschiebung des Lichtkompensationspunktes, der von den gut mit Wasser versorgten Pflanzen morgens früher und abends später erreicht wurde als bei den trocken gezogenen Kulturen. Unter sonst gleichen Bedingungen verkürzt somit eine Trockenheit auch die Zeitspanne, in der die Pflanzen mit positiver Stoffbilanz arbeiten.

Hierzu trägt auch eine gesteigerte Dunkelatmung der trocken gezogenen Pflanzen bei. Betrachtet man die gesamte nächtliche CO_2-Ausscheidung im Verhältnis zum Tagesgewinn an Nettoassimilation, so ergeben sich für die Trockenkulturen bedeutend höhere Werte als bei den Feuchtpflanzen. Im oben genannten Beispiel blieb die Nachtatmungssumme der Feuchtkulturen stets unter 10% ihrer photosynthetischen Tagesleistung; bei den Trockenpflanzen stieg der Atmungsanteil dagegen auf mehr als 30% an.

2.4.4. Wasserverbrauch und Stoffproduktion

Ertrag und Wasserverbrauch der Pflanzen sind als betriebsökonomische Faktoren für Land- und Forstwirtschaft so bedeutend, daß bereits im vergangenen Jahrhundert begonnen wurde, die Beziehungen zwischen diesen beiden Größen durch ein möglichst einfach berechenbares Zahlenverhältnis auszudrücken. Grundsätzlich bieten sich zwei — mathematisch reziproke — Möglichkeiten, die beide in Gebrauch sind:

$$\textit{Transpirations-koeffizient} = \frac{\text{Wasserverbrauch (ml)}}{\text{Trockenmasse (g)}}$$

(HELLRIEGEL 1883)

gleichwertig: „*Water Requirement*" (BRIGGS & SHANTZ (1913)

$$\textit{Produktivität der Transpiration} = \frac{\text{Trockenmasse (g)}}{\text{Wasserverbrauch (kg)}}$$

(IWANOW 1913)

Der „*Transpirationskoeffizient*" sagt aus, wieviel Wasser zur Produktion von 1 g Trockenmasse verbraucht wird. Je kleiner er ist, um so sparsamer geht eine Pflanze mit dem verfügbaren Wasser um.

Die „*Produktivität der Transpiration*" gibt dagegen an, wieviel Gramm Trockensubstanz je Liter verbrauchten Wassers produziert werden. Je größer diese Zahl, um so höhere Erträge liefert eine Pflanze bei gegebenem Wasserverbrauch.

Welcher von beiden Wegen beschritten wird, ist Ermessensfrage und hängt meist davon ab, ob bevorzugt der Wasserhaushalt oder die Stoffproduktion im Blickpunkt stehen.

Die Zahlenwerte für den Transpirationskoeffizienten liegen in der Regel zwischen 200 und 1000, für die Produktivität der Transpiration im Bereich von 1 bis 5; Tabelle 4 gibt einige Anhaltspunkte. Diese Ziffern deuten jedoch nur eine Größenordnung an, die ihrerseits beträchtlichen umweltbedingten Schwankungen unterliegt. So wünschenswert es für Pflanzenbau und -züchtung auch wäre, es gibt keine konstanten Werte für bestimmte Arten oder Sorten, die geeignet wären, als verbindliche Kennziffern das wassersparende Produktionsvermögen vorgegebener Genotypen allgemeingültig zu charakterisieren.

Stoffproduktion und Wasserverbrauch als physiologische Prozeßketten werden von den Umweltfaktoren unterschiedlich beeinflußt. Dies beginnt bereits bei Photosynthese und Transpiration, die zwar über die Spaltöffnungen als gemeinsamen Gas-

Tabelle 4
Transpirationskoeffizient und Produktivität der Transpiration bei einigen Kulturpflanzen und Nutzgehölzen (nach Angaben von MEYER 1930, POLSTER 1957 und BLACK 1971)

	Transpirations-koeffizient	Produktivität der Transpiration
Kulturpflanzen:		
Weizen	435	2,30
Roggen	630	1,59
Hafer	580	1,72
Gerste	520	1,92
Reis	680	1,47
Mais (C_4)	368	2,72
Hirse (C_4)	293	3,42
Baumwolle	462	2,17
Bohne	538	1,86
Kartoffel	636	1,57
Rübe	397	2,52
Luzerne	664	1,51
Inkarnatklee	640	1,56
Sonnenblume	569	1,76
Lein	905	1,10
Laubbäume:		
Eiche	344	2,91
Birke	317	3,16
Buche	169	5,92
Nadelbäume:		
Kiefer	300	3,33
Lärche	257	3,89
Fichte	231	4,33
Douglasie	173	5,78

austauschweg verkoppelt sind, jedoch ganz abweichenden physikochemischen Bedingungen unterliegen. Das Wasserdampfgefälle zwischen Blattinnerem und Umgebung ist in der Regel weit größer als der CO_2-Konzentrationsunterschied. Auch diffundieren die bedeutend kleineren Wassermoleküle schneller als die mehr als doppelt so schweren CO_2-Teilchen, die außerdem zusätzliche Diffusionsschranken beim Eindringen in die wässerigen Medien des Zellplasmas und der Chloroplasten überwinden müssen. Dadurch verläuft die Transpiration, mit Ausnahme der feucht-kühlen Morgenstunden, in der Regel wesentlich intensiver als die gleichzeitige CO_2-Aufnahme. Werden zudem, wie meist üblich, Transpirationskoeffizient oder Produktivität der Transpiration aus den Gesamtsummen für Wasserverbrauch und Trockensubstanzproduktion am Ende einer Vegetationsperiode berechnet, so widerspiegelt sich darin die integrierte Wirkung sämtlicher Umwelteinflüsse, denen die Pflanze während dieser langen Periode ausgesetzt war. Zwangsläufig streuen daher auch die Zahlenwerte für die oben genannten Quotienten aus Stoffproduktion und Wasserverbrauch selbst für ein und dieselbe Art oder Sorte je nach den Begleitumständen außerordentlich weit, wechseln von Jahr zu Jahr und selbst innerhalb eines Jahres bei verschiedener Aussaatzeit, mit Variationsbreiten bis zu 100% und darüber. Auch bei ökologisch charakterisierten Sortentypen, z. B. Angepaßtheit an trockene oder feuchte Standortsbedingungen, erweist sich in der Regel der Einfluß der äußeren Faktoren auf die Quotienten aus Wasserverbrauch und Stoffproduktion erheblich stärker als die sortenbedingten Unterschiede (Abb. 25a).

Die Quotienten aus Stoffproduktion und Wasserverbrauch erweisen sich jedoch als nützliche Indikatoren für das ökophysiologische Verhalten der Pflanzen gegenüber bestimmten Außeneinwirkungen, wenn man sie nicht auf langfristig und unter verschiedenen Umweltbedingungen ermittelte Werte stützt, sondern aus kurzfristigen Beobachtungen berechnet, bei denen die zu prüfenden Varianten möglichst gleichzeitig und unter sonst gleichen Umweltbedingungen getestet wurden. Auf diese Weise läßt sich z. B. der Einfluß der Mineralstoffdüngung auf das Verhältnis zwischen Stoffproduktion und Wasserverbrauch verdeutlichen. Erhöhtes Mineralstoffangebot im Boden macht die Wasseraufnahme ergiebiger für die Pflanze; mit der gleichen Wassermenge gelangen mehr Mineralstoffionen in die Pflanze, und es wird, z. B. bei Stickstoff, eine höhere Produktivität der Transpiration erreicht (Abb. 25b). Bei reichlichem Angebot an Stickstoff blieben Unterschiede in der Bodenfeuchte ohne Einfluß auf die Produktivität der Transpiration; bei N-Mangel dagegen wurde von den Trockenpflanzen die spärliche Bodenfeuchte relativ ergiebiger zur Stoffproduktion genutzt als bei den Feuchtkulturen.

Am besten lassen sich die Zusammenhänge zwischen den physiologischen Vorgängen von Stoffproduktion und Wasserverbrauch durch kurzzeitige Gaswechselmessungen analysieren.

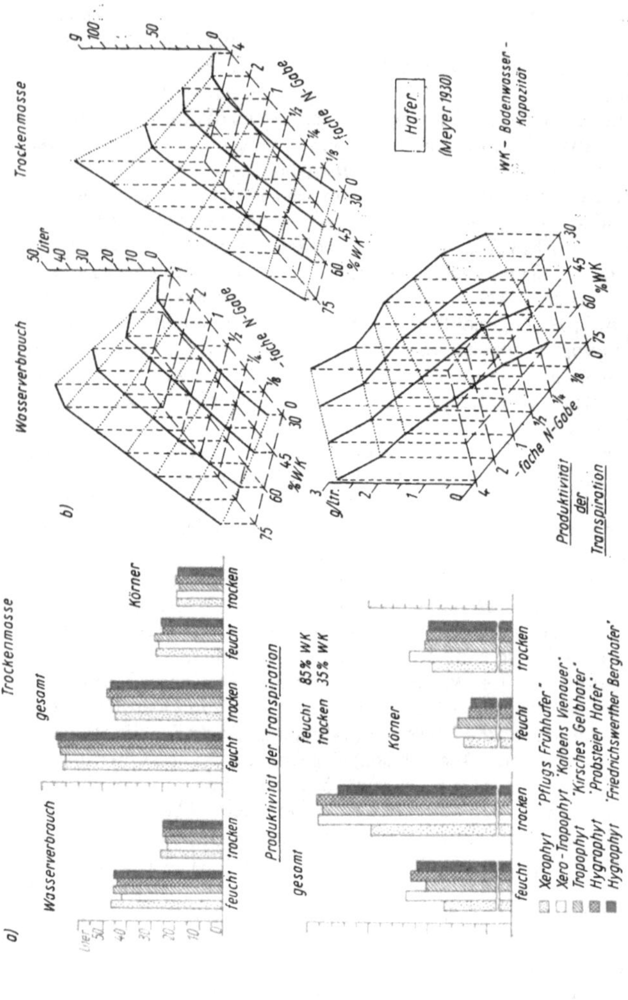

Abb. 25. Einfluß genetischer und umweltbedingter Faktoren auf Stoffproduktion, Wasserverbrauch und Produktivität der Transpiration bei Hafer. – a) Auswirkung der Bodenfeuchte bei fünf Hafersorten mit unterschiedlichem Wasserhaushaltstyp; b) Einfluß der N-Düngung auf die Produktivität der Transpiration. – Nach Tabellenangaben von MEYER (1930)

Dadurch lassen sich die Veränderungen der entsprechenden Quotienten im Tagesverlauf verfolgen und gegebenenfalls durch geeignete Maßnahmen im Wasserangebot steuern. Da es sich dann aber um den Vergleich von Gaswechselgrößen, und nicht mehr um gravimetrisch ermittelte Masse-Werte handelt, sollte hierbei von den alten Bezeichnungen „Transpirationskoeffizient" bzw. „Produktivität der Transpiration" abgerückt und diese durch neue Begriffe ersetzt werden, z. B. „Assimilations-Transpirations-Quotient" (Koch 1957).

2.5. *Mineralstoffversorgung*

2.5.1. *Einfluß auf die Photosynthese*

Die Mineralstoffe nehmen zwar nicht unmittelbar am Photosyntheseprozeß teil, bilden aber entscheidende Bestandteile des Photosynthese-Apparates sowie der die Photosynthese und Atmung steuernden Enzymsysteme. So ist z. B. Stickstoff als Grundsubstanz in sämtlichen, Schwefel in zahlreichen Aminosäuren und Eiweißverbindungen enthalten, Phosphor spielt in Form hochenergiereicher Phosphate (ADP, ATP u. ä.) eine Schlüsselrolle im zellulären Energiehaushalt, Magnesium ist zentraler Baustein der Chlorophylle, Eisen und Kupfer bestimmen die Wirkgruppen vieler Enzyme (Cytochrome, Plastozyanine, u. a.), Mangan ist unentbehrlich für die sauerstoffliefernde Wasserspaltung. Obwohl der Anteil von Stickstoff und Aschesubstanzen nur etwa 5 bis 10% der gesamten pflanzlichen Trockenmasse beträgt, haben die Mineralstoffe, weil in biochemischen Schlüsselpositionen eingesetzt, bestimmenden Einfluß auch auf die Photosynthese und Stoffproduktion, vor allem in folgenden Bereichen: Wirkgruppen von Pigmenten und Enzymen, Aktivierung oder Hemmung der Enzymtätigkeit, Veränderungen der Membranpermeabilität und der Spaltöffnungsweite, Einfluß auf den Wasserzustand der Pflanze durch Veränderung der Wasseraufnahme und -abgabe, sowie Einfluß auf Blattbildung, -zahl und -größe.

Tabelle 5

Einfluß von Mineralstoffmangel auf die Photosynthese (nach mehreren Autoren aus HOFFMANN 1975, vereinfacht)

Element	Chlorophyllbildung	Chloroplastenstruktur	Photosyntheseprozeß
N	Chlorophyllabnahme mit sinkendem N-Gehalt	Stroma-Anteil reduziert, Membranbildung gestört	Reduzierte CO_2-Assimilation bei hoher Lichtstärke. Mesophyllwiderstand erhöht. RuDP-Carboxylase vermindert.
P	Erhöhter Chlorophyllgehalt auf Grund reduzierten Wachstums	Grana-Auflösung in ausgewachsenen Chloroplasten	Schädigung der Photophosphorylation (ca. 2% des Blatt-P in ATP). Wachstumsdepression. Nettophotosynthese gehemmt Erhöhter Stärkegehalt
S	Chlorophyllbildung verzögert	–	SO_4^{--} hemmt Photophosphorylation und ATPase
K	Abnahme des Chlorophyllgehalts	Grana-Auflösung in ausgewachsenen Chloroplasten	CO_2-Aufnahme reduziert, u. a. über Stomataregulation
Mg	Chlorophyllbildung beeinträchtigt	Sternförmige Gebilde (star bodies) im zerfallenden Granasystem	Photosynthese wegen Chlorophyllmangel reduziert
Fe	Verminderte Chlorophyllbildung	Irreversible Änderung der Chloroplastengröße und Lamellarstruktur	Hemmung über Chlorophyllmangel. Störung bei Cytochrom-Enzymen
Mn	–	Weniger, aber größere Grana. Abnahme des Lipidgehalts	Wasserspaltung gestört, daher CO_2-Aufnahme reduziert
Cu	–	–	Hemmung über Störung der Plastocyanine
Mo	Chlorophyllschwund	–	Allgemeine Hemmung über Chlorophyllschwund
B	–	Zerfall der Stromathylakoide und Grana-Degeneration	Allgemeine Hemmung durch indirekte Wirkungen

Im einzelnen wird die physiologische Rolle der jeweiligen Mineralstoffe bestimmt durch das spezifische chemische Verhalten der Elemente und ihrer Verbindungen, ihre Verfügbarkeit im Boden, die Art und Weise ihrer Aufnahme und Weiterleitung in der Pflanze sowie die biochemischen Reaktionen am Wirkort, wobei alle diese Prozesse zusätzlich von den zahlreichen Wechselbeziehungen mit anderen Mineralstoffionen beeinflußt werden. Aus den vielen Einzelergebnissen, für die auf weiterführendes Schrifttum verwiesen sei, werden in Tabelle 5 die wichtigsten Mangelerscheinungen für die Photosynthese zusammengefaßt.

2.5.2. *Einfluß auf Entwicklung und Stoffproduktion*

Neben dem direkten Einfluß auf die Photosynthese wirkt sich die Mineralstoffernährung in vielfältiger Weise auf Wachstum und Entwicklung, und damit auch auf die Effektivität von Stoffproduktion und Ertragsbildung aus. Mangel an Nährstoffen führt fast stets zu verkümmertem Wachstum, gestörten Entwicklungsvorgängen (insbesondere bei Blüten-, Frucht- und Samenbildung), behinderter Stoffproduktion und Absinken der Erträge. Jedoch kann auch ein Überschuß an Mineralstoffangebot schädlich werden. So führt eine Überdüngung mit Stickstoff zur verstärkten Bildung parenchymatischer Gewebe auf Kosten der Festigungselemente; als Folge entstehen großflächige, aber weiche, schlaffe Blätter, und es leidet die Standfestigkeit der Stengel, was bei Getreide zu erhöhter Lagergefahr führt. Da außerdem zu viel Assimilate für den Aufbau der großen Blätter investiert werden, fehlen sie für den Kornertrag, der deutlich absinkt.

Die physiologischen und ökologischen Zusammenhänge — mit ihren vielseitigen, oft komplizierten Wechselbeziehungen — bei den Folgen von Mineralstoffmangel sind substanz-spezifisch und müssen für jeden Einzelfall gesondert betrachtet werden; auch reagieren mitunter die verschiedenen Pflanzengruppen abweichend. Einige allgemeine Erscheinungen sind in Tabelle 6 zusammengefaßt.

Tabelle 6

Funktion und Mangelwirkung mineralischer Nährstoffe bei Entwicklung, Stoffproduktion und Ertragsbildung von Kulturpflanzen (nach Angaben von LARCHER 1976 und MENGEL 1972)

Element	Funktion in der Pflanze	Mangelerscheinung
N	Grundbaustein der Aminosäuren und Eiweißverbindungen. Bestandteil von Protoplasma und Enzymen	Starrtracht (Kümmerwuchs, starre, sperrige Sproßachsen). Skleromorphe Bildungen (kleine harte Blätter, verstärkte Wurzelbildung, dadurch Assimilationsfläche unterentwickelt). Vorzeitiges Vergilben der Blätter, dadurch verminderte Stoffproduktion. Eingeschränkte Bestockung.
P	In Nucleotiden und Phosphatiden. Wesentliche Mitwirkung bei der Energiebindung im Betriebsstoffwechsel und bei Synthesevorgängen (Phosphorylierungen).	Starrtracht, ähnlich wie bei N-Mangel, aber geringes Wurzelwachstum, eingeschränkte Bestockung. Blüten- Frucht- und Samenbildung verzögert oder verhindert. Wirkung der N-Düngung unterdrückt. Störung des Fettstoffwechsels
S	Bestandteil wichtiger Aminosäuren und als Grundbaustein im Protoplasma und maßgeblichen Enzymen.	Ähnlich wie bei N-Mangel. Starrer, spröder Pflanzenwuchs, Chlorophyllschwund bereits in jungen Blättern. (Besonders hohe Empfindlichkeit in Cruciferen wegen des hohen Schwefelbedarfs)
K	Kolloidchemische Wirkung: Quellungsfördernd, dadurch Wasseraufnahme über die Wurzel gesteigert, sowie Schließzellenreaktionsbereitschaft erhöht, Transpirationskoeffizient gesenkt, osmotische Werte in der Pflanze	„Welketracht" – Turgorverlust der Pflanze, dadurch schlaff herabhängende Blätter. Störungen im Wasserhaushalt, übersteigerte Transpiration, dadurch frühzeitiges Welken von Blatträndern und -spitzen. Vorzeitiges Absterben

Tabelle 6 (Fortsetzung)

Element	Funktion in der Pflanze	Mangelerscheinung
	erhöht. Aktivierung zahlreicher Enzymprozesse, vor allem zur Synthese höhermolekularer Verbindungen	von Blüten, dadurch kein Fruchtansatz.
Mg	Zentraler Baustein der Chlorophylle. Aktivierung der Phosphorylierungsprozesse. Quellungsfördernd (Antagonist zu Ca).	Gestörte Phosphorylierung, dadurch gehemmte Photosynthese. Kümmerwuchs. Hemmung der Phosphataufnahme aus dem Boden.
Ca	Quellungshemmend. Antagonist zu K und Mg. Festigung der Mittellamellen. Enzymaktivierung.	„Säureschäden": zu niedrige pH-Werte in den Zellen, dadurch Störungen im Stoffwechsel. Gewebezerfall. Gestörtes Teilungswachstum.
Fe	Bestandteil wichtiger Redox-Systeme. Unentbehrlich für Chlorophyllaufbau. Förderung der Proteinsynthese	Chlorophyllschwund, dadurch starke Blattchlorose. Störungen in der Eiweiß- und Kohlenhydratsynthese.
Mn	Enzymaktivierung bei Phosphorylierungen und im Trikarbonsäurezyklus. Wesentlicher Bestandteil von Photosystem II (Wasserspaltung und O_2-Freisetzung). Mitwirkung bei Nitratassimilation und Eiweißbildung.	Chlorosen und Nekrosen an den Blättern („Dörrfleckenkrankheit"). Wachstumshemmung; Zellen haben nur geringes Volumen.
Cu	Bestandteil wichtiger Enzyme (Oxidasen); Förderung der Proteinsynthese. Schutz der Chlorophylle vor frühzeitigem Abbau, dadurch Sicherung hoher Assimilationsleistung.	Chlorosen, Spitzendürre („Urbarmachungskrankheit"). Unterdrückung von Blüten- und Fruchtbildung, vor allem bei Getreide
Zn	Aktivierung verschiedener Enzyme im Betriebsstoffwechsel und Eiweißabbau. Förderung der RNS-Synthese und der Wuchshormone.	Wachstumshemmungen an Blättern und Zweigen. Mangelhafte Chloroplastenentwicklung. Störungen bei der Fruchtbildung und -entwicklung

Tabelle 6 (Fortsetzung)

Element	Funktion in der Pflanze	Mangelerscheinung
Mo	Unentbehrlich für N-Stoffwechsel (Nitratreduktase). Wichtig für P-Stoffwechsel.	Störungen im Gewebeaufbau (Mittellamellen) sowie in der Chlorophyllbildung. Verstärkte Atmung. Wachstumsstörungen, Sproßverformungen.
B	Wesentliches Bauelement der Zell- und Gewebestrukturen; erhält die Stabilität der Zellwände Wuchsstoffaktivierung, besonders bei Wurzel- und Pollenschlauchwachstum. Förderung von Blüten- und Fruchtbildung. Regulation des Wasserhaushalts (Transpiration).	Störungen bei der Differenzierung der Kambiumzellen, Zellwucherungen. Störungen im Kohlenhydrat-Transport, Wachstumshemmungen an Knospen und Wurzeln. Blattverformungen und -verkrüppelungen. Herzfäule der Rüben. Zusammenbruch dünnwandiger Gewebe, z. B. Phloem. Übersteigerte Atmung

2.6. *Andere chemische Faktoren*

Mit der zunehmenden Ballung großer Siedlungs- und Industriezentren hat die zivilisatorische Entfaltung der Menschheit in den letzten Jahrzehnten so nachhaltig wie nie zuvor in die Umwelt eingegriffen. Die Auswirkungen dieser Entwicklung beschränken sich nicht mehr auf die unmittelbar betroffenen Standorte und ihre nähere Umgebung, sondern haben mit der Luft- und Gewässerverunreinigung durch chemische Abfallprodukte und deren weltweite Verbreitung über die Luftströmungen und Wasserwege globales Ausmaß erreicht. Auch die Lebenstätigkeit der Pflanzen wird davon betroffen, und sie reagieren auf derartige Schadstoffe oft weit empfindlicher als der menschliche oder tierische Organismus. Einige der bisher vordringlichsten Probleme seien nachfolgend aufgeführt; ihre Zahl dürfte in Zukunft noch steigen, da viele Gefahren — oft mit unvermuteten Zusammenhängen — erst in den letzten Jahren offenbar wurden und zahlreiche Untersuchungen noch im Gange sind.

2.6.1. *Gasförmige Schadstoffe*

2.6.1.1. *Schwefeldioxid, Fluor- und Chlorwasserstoff*

Schwefeldioxid ist gegenwärtig Hauptquelle für die Luftverunreinigung. Als Folge schwefelhaltiger Beimengungen in den fossilen Brennstoffen entweichen aus den Schornsteinen von Siedlungen und Industrieanlagen jährlich insgesamt mehr als 150 Mill. Tonnen SO_2 in die Luft und werden mitunter über mehrere tausend Kilometer mit den Luftströmungen abgetrieben. Ein Großteil regnet mit schwefligsauren Niederschlägen wieder auf die Erde nieder. 0,4 mg SO_2/m^3 (etwa 0,15 ppm) in der Luft wirken jedoch bereits akut schädigend auf die Pflanzen (Härtel 1971), und diese Schwelle wird in den industriellen Ballungsgebieten und Großstädten nicht selten überschritten, besonders während der winterlichen Heizperiode. Aber auch Dauerbelastung mit niedrigeren Konzentrationen (ab 0,05 ppm) kann in den Pflanzen schon zu chronischen Schäden führen.

Die physiologische Schädigung setzt vermutlich bei Störungen in den Enzymapparaten ein. Es kommt zur Chlorophyllzerstörung, und mit der nachfolgenden Phaeophytinbildung färben sich die Blätter rot bis braun. Auch die Photosynthese wird gehemmt, vor allem aber wird die Beweglichkeit der Schließzellen gelähmt. Die Spaltöffnungen können nicht mehr geschlossen werden, dadurch werden Transpiration und Wasserverlust unkontrollierbar hoch, und die Wassernachleitung kann zusammenbrechen. In schweren Fällen verdorren die Blätter vom Rand her, werden abgeworfen, und die Wipfeltriebe, deren Saugkraft zusätzlich herabgesetzt wird (Halbwachs 1971), trocknen zurück. Aber auch wenn die Bäume nicht zugrunde gehen, bleibt ihre Stoffproduktion beeinträchtigt, Triebneubildung und Holzzuwachs lassen nach, und die Jahresringe werden deutlich enger. Diese Ertragsminderung ist somit die Folge sowohl der über den Chlorophyllschwund und Enzymhemmungen gestörten Photosynthese, als auch des Verlustes an assimilierender Blattfläche durch das abgestorbene Laub.

Da SO_2 hauptsächlich durch die Spaltöffnungen in die Pflanze eindringt, werden die SO_2-Schäden durch alle Bedingungen gefördert, die die Öffnung der Stomata und den Gaswechsel begünstigen. Bei guter Licht- und Wasserversorgung, sowie in feuchter Luft und bei leichtem Wind werden die Pflanzen wesentlich stärker durch SO_2 geschädigt als bei Trockenheit. Die

Empfindlichkeit der Pflanzen gegen SO_2 geht auch weitgehend parallel mit der photosynthetischen Aktivität. Junge Blätter sind noch relativ widerstandsfähig; die Empfindlichkeit wächst mit der Blattentwicklung und erreicht ihren Höhepunkt kurz bevor das Blatt voll ausgewachsen ist, d. h. zur photosynthetischen Reife (S. 83). Voll turgeszente und photosynthetisch aktive Blätter sind weit anfälliger gegen SO_2-Schädigung als angewelkte, oder ganz junge bzw. ältere Blätter.

Auch bei Nacht dringt SO_2 — trotz der dann geschlossenen Spaltöffnungen — in die Pflanzen ein, wenn auch die Akkumulation nur etwa ein Drittel der tagsüber aufgenommenen Menge beträgt. Diese nächtliche SO_2-Aufnahme kann jedoch die Giftwirkung der Tagesabsorption beträchtlich verstärken.

In flüssigem Wasser (Regentropfen, Tau) kann SO_2 sich unter Bildung schwefliger Säure lösen und dann unmittelbare Säureschäden an den Blättern verursachen (Nekrosen).

Zeitweilige, intermittierende SO_2-Einwirkung in niedriger Konzentration kann von den Pflanzen durch Oxydation zu Sulfat, durch Reduktion oder Einbau in organische Verbindungen weitgehend entgiftet werden, vorausgesetzt, daß zwischen den einzelnen SO_2-Immissionsstößen genügend Zeit zur Erholung bleibt, deren Dauer wiederum von der Schwere der vorhergehenden Belastung abhängt.

Bei Kräutern ist im allgemeinen die Jugendphase des vegetativen Wachstums relativ widerstandsfähig gegenüber SO_2. Die Empfindlichkeit wächst mit Annäherung an die Phase der Blüten-, Frucht- und Samenbildung, deren Prozesse wesentlich leichter durch Schwefeldioxid gestört werden können, was zu schweren Ertragsausfällen führen kann.

Unter den Holzgewächsen sind die Nadelhölzer in der Regel empfindlicher gegen SO_2, da deren immergrüne Blätter ganzjährig der Belastung ausgesetzt sind, vor allem auch während des verstärkten SO_2-Ausstoßes in den Wintermonaten, wogegen die Laubgehölze ihre Blätter mit dem geschädigten Inhalt im Herbst abwerfen. Im einzelnen ist die Widerstandsfähigkeit der Bäume und Sträucher gegenüber Rauchschäden jedoch unterschiedlich (Tab. 7), was bei der Gestaltung von Parkanlagen oder sonstigen Gehölzpflanzungen in Großstadt- oder Industriegebieten berücksichtigt werden muß.

Am empfindlichsten gegen SO_2-Einfluß und Rauchgase reagieren niedere Pflanzen, ganz besonders Flechten, die deswegen seit langem als Anzeiger (Bioindikatoren) für den Grad

Tabelle 7

Widerstandsfähigkeit einiger Gehölze und Kulturpflanzen gegen SO_2 und HF (nach RANFT & DÄSSLER 1970; DÄSSLER, RANFT & REHN 1972; WENTZEL 1969)

	Empfindlichkeit gegen	
	SO_2	HF
Gehölze:		
Hoch-empfindlich	*Pinus sylvestris* *Larix decidua* *Picea abies* *Salix purpurea* *Abies alba*	*Juglans regia* *Vitis vinifera* *Berberis vulgaris* *Pinus sylvestris* *Picea abies* *Abies alba* *Larix decidua* *Tilia cordata* *Carpinus betulus*
Anfällig	*Salix fragilis* *Salix pentandra* *Berberis vulgaris* *Rubus idaeus* *Tilia cordata* *Vitis vinifera* *Pinus nigra* *Fraxinus excelsior* *Carpinus betulus*	*Tilia cordata* *Rubus idaeus* *Pinus nigra* *Fraxinus excelsior* *Malus silvestris* *Pirus communis*
Resistent	*Juniperus sabina* *Thuja orientalis* *Buxus sempervirens* *Ligustrum vulgare* *Quercus petraea* *Platanus acerifolia* *Malus silvestris* *Pirus communis* *Pinus nigra* *Taxus baccata*	*Chamaecyparis pirifera* *Acer campestre* *Evonymus europaea* *Quercus robur* *Sambucus racemosa* *Pinus nigra* *Taxus baccata* *Thuja orientalis*
Kulturpflanzen:		
Hoch-empfindlich	Luzerne Spinat Rosen	
Anfällig	Bohne Getreide Gräser	Luzerne Rosen Getreide Gräser Möhren
Resistent	Möhren Rüben	Bohnen Rüben

der Luftverunreinigung benutzt werden. Aus der Zusammensetzung eines Flechtenbewuchses, sowie dem Vorkommen, bzw. Fehlen bestimmter Flechtenarten oder deren Schädigung lassen sich gute Rückschlüsse auf die Dauerbelastung eines Standorts durch SO_2 ziehen, sofern andere klimatische Einflüsse, z. B. Trockenheit, keine Rolle spielen. Starke Rauchgaseinwirkung vernichtet die Flechten, die darum aus den meisten Städten bereits verschwunden sind („Flechtenwüsten"). Mit abnehmender SO_2-Belastung behaupten sich zunächst widerstandsfähige Krustenflechten, gefolgt von weniger resistenten Arten, und erst an den ungestörten Standorten findet sich der ursprüngliche üppige Bewuchs mit Laub und Strauchflechten auf Bäumen und Felsoberflächen wieder. Auf ähnliche Weise lassen sich auch bestimmte Moosarten als Zeiger für die Luftverunreinigung verwenden (Tabelle 8).

Tabelle 8

Empfindlichkeit von Flechten (Thallusschäden) und Moosen (Blattschäden) gegen Begasung mit 0,6 bis 3 ppm SO_2 (nach DÄSSLER & RANFT 1969)

	Flechten	Moose
Hochempfindlich	*Parmelia furfuracea*	*Sphagnum*-Arten
	Ramalina farinacea	*Polytrichum commune*
		Polytrichum juniperinum
Anfällig	*Cetraria islandica*	*Plagiothecium undulatum*
	Parmelia physodes	*Atrichum undulatum*
	Cladonia rangiferina	*Dicranum scoparium*
	Cladonia furcata	*Hypnum cupressiforme*
	Cladonia alcicornis	*Hylocomium splendens*
	Cladonia arbuscula	*Mnium affine*
	Parmelia saxatilis	*Leucobryum glaucum*
Resistent	*Rhizocarpon geographicum*	*Pohlia nutans*
	Lecanora varia	*Dicranella heteromalla*
	Umbilicaria-Arten	

Fluorwasserstoff macht sich neuerdings neben SO_2 immer stärker als Schadstoff bemerkbar. Zwar ist der Gesamtausstoß an Fluor mit gegenwärtig 1,6 Mill. Tonnen pro Jahr weitaus geringer als bei SO_2, aber dafür ist HF zehn- bis tausendmal giftiger. Fluorwasserstoff beeinträchtigt den Wasserhaushalt, vermutlich ebenfalls über die Störung bestimmter Enzymsysteme. Insbesondere wird die Wasseraufnahme gelähmt, dadurch sinkt der Wassergehalt in den Zellen, und die Blätter verwelken. Tabelle 7 gibt Beispiele für die Empfindlichkeit einiger Pflanzenarten.

Schäden durch HF entstehen vor allem durch langfristige, chronische Einwirkung niedriger Konzentrationen. Fluorwasserstoff dringt dabei nicht nur über die Spaltöffnungen, sondern auch über die Kutikula durch die gesamte Blattoberfläche in die Pflanzen ein. Aus diesem Grund sind hier — im Gegensatz zu SO_2 — gerade die jungen Blätter wegen ihrer zarten Epidermis am anfälligsten.

Fluorverbindungen sind kein normaler Bestandteil des pflanzlichen Stoffwechsels, werden daher auch nicht in den Pflanzenzellen entgiftet, sondern akkumulieren sich dort und können, wenn sie mit dem Futter in den tierischen Körper gelangen, dort zu hochgiftigen Verbindungen umgewandelt werden, die schwere, z. T. tödliche Krankheiten (Fluorose) hervorrufen.

Chlorwasserstoff (HCl) entsteht in großen Mengen bei der Müllverbrennung aus PVC-Kunststoffen (8000 t pro Jahr allein über der BRD — GUDERIAN 1977). Das Gas dringt — unter Bildung von Salzsäure, über die Spaltöffnungen und durch die Kutikula in die Blätter ein, verändert die Ultrastruktur der Chloroplasten, führt zum Chlorophyllschwund und stört damit die Photosynthese. Ähnliche Erscheinungen wurden auch entlang von Straßen nach dem winterlichen Frostschutzsprühen mit Chloridlösungen festgestellt. Tabelle 9 gibt einen Überblick über die Empfindlichkeit einiger Pflanzenarten.

In Gartenbau, Land- und Forstwirtschaft der industrialisierten Gebiete muß gegenwärtig die Luftverunreinigung durch Rauch- und sonstige Abgase als ernstzunehmende Schadensquelle betrachtet werden, die nach Menge und Qualität die Erträge beeinträchtigt. Bis zu einem gewissen Grad lassen sich Schäden durch den Anbau resistenter Arten und Sorten verringern. Eine solche Resistenz ist jedoch in jedem einzelnen Fall unter den gegebenen örtlichen Verhältnissen zu prüfen. Abb. 26 gibt eine Übersicht über die Empfindlichkeit verschiedener Kultur- und Nutzpflanzengruppen gegenüber chronischer Einwirkung von SO_2, HF und HCl.

Fruchtkulturen und die wirtschaftlich bedeutenden Koniferen sind am stärksten gefährdet. Bei mäßiger Schadstoff-

Tabelle 9

Widerstandsfähigkeit der Blätter einiger Gehölze und Kulturpflanzen gegen HCl (nach GUDERIAN 1977)

	Holzpflanzen	Krautige Pflanzen
Hochempfindlich	*Corylus avellana*	*Lupinus luteus*
	Vitis vinifera	*Trifolium pratense*
	Betula verrucosa	*Vicia faba*
	Malus communis	*Phaseolus vulgaris*
	Populus sp.	*Raphanus sativus*
	Picea abies	*Lactuca sativa*
	Abies nordmanniana	*Fragaria chiloensis*
	Pinus strobus	
	Larix europaea	
	Larix leptolepis	
	Berberis vulgaris	
Anfällig	*Fagus silvatica*	*Avena sativa*
	Sorbus intermedia	*Secale cereale*
	Gingko biloba	*Hordeum vulgare*
	Robinia pseudacacia	*Lycopersicum esculentum*
	Aesculus hippocastanum	*Ribes nigrum*
	Acer platanoides	*Ribes grossularia*
	Abies homolepis	*Iris germanica*
	Pinus sylvestris	*Primula melacoides*
	Pinus nigra	*Begonia tuberhybrida*
Resistent	*Quercus rubra*	*Brassica oleracea*
	Quercus pedunculata	*Nicotiana tabacum*
	Acer campestre	*Beta vulgaris*
	Picea pungens	*Gynura aurantiaca*
	Pinus mugo	*Convallaria majalis*
	Juniperus communis	
	Chamaecyparis sp.	
	Rhododendron sp.	
	Fuchsia hybrida	
	Syringa vulgaris	

belastung können Nadelhölzer durch Laubbäume ersetzt werden, jedoch stets mit Ertragseinbuße an Nutzholz. Starke Schadstoffeinwirkung erfordert tiefgreifende Veränderungen in Forstkultur und Gartenbau. Ackerkulturen und Zierpflanzen sind, weil meist einjährig, in der Regel weniger gefährdet. Lediglich Futterpflanzen, sowie Wiesen- und Weidegewächse können bei Fluoreinwirkung gefährlich für Weidevieh und Stallfütterung

Pflanzengruppen	Gefährdung durch SO_2	HF	HCl
Feldfrüchte			
Getreide, einschließl. Mais	◔	◔	◑
Hülsenfrüchte, Klee, Luzerne	◑	◑	◑
Kreuzblütler, Sonnenblume	○	○	◔
Kartoffel	○	○	◔
Runkel- und Kohlrüben	○	◑	○
Futterpflanzen (Grünfutter, Heu, Silage)			
Getreide- und Gräserarten	◔	●	◑
Futter-Leguminosen	◑	●	◑
Kreuzblütler, Sonnenblume	○	●	◔
Kohl-Arten	○	●	○
Feldgemüse (Familien)			
Cruciferae	○	◔	○
Papilionaceae	◑	◑	◑
Umbelliferae	○	○	○
Chenopodiaceae	◕	◑	◑
Cucurbitaceae	○	○	○
Compositae	◑	◔	○
Solanaceae	○	○	◔
Liliaceae	○	●	◔
Wiesen und Weiden			
Überwiegend Gräser-Arten	◔	●	◑
Hoher Anteil von Klee-Arten	◑	●	◑
Fruchtkulturen			
Kernobst	◕	◕	●
Steinobst	◔	●	◑
Beerenobst, Walnuß	●	●	◕
Haselnuß	◑	●	●
Weinrebe	◑	●	●
Erdbeere	○	●	●
Gehölze			
Kiefer, Fichte, Douglasie	●	●	●
Laubhölzer, Wacholder, Thuja, Chamaecyparis	◑	◑	◑
Zierpflanzen (Familien)			
Liliaceae, Iridaceae, Amaryllidaceae	○	●	◔
Ranunculaceae, Rosaceae	◔	◔	◔
Papilionaceae	◑	◑	◑
Geraniaceae, Araliaceae	○	○	○
Caryophyllaceae	◔	◑	○
Ericaceae, Compositae	○	○	○

Gefährdungsgrad: ○ sehr schwach, ◔ schwach, ◑ mittel, ◕ stark, ● sehr stark

Abb. 26. Empfindlichkeit wirtschaftlich wichtiger Pflanzengruppen gegenüber SO_2, HF und HCl. – Nach GUDERIAN (1977)

werden, da die Fluorverbindungen auch im Heu und in der Silage nicht abgebaut werden.

Durch Düngung mit Kalk, unter Umständen auch mit sorgfältig ausgewählten Verbindungen von Kalium, Stickstoff und Phosphor, kann ebenfalls der Schädigung durch SO_2, HF und HCl entgegengewirkt werden. Einzelpflanzen sind stärker gefährdet als geschlossene Pflanzenbestände, die eine gewisse Filterwirkung für die gasförmigen Schadstoffe ausüben. Auf diese Weise lassen sich auch durch geeignete Pflanzenbaumethoden die Schadwirkungen der genannten Giftstoffe in der Atmosphäre mildern. Auf jeden Fall aber verringert zunehmende Luftverunreinigung die Möglichkeiten zum Anbau ertragreicher Sorten sowie deren Anpassung an die gegebenen Klima- und Bodenbedingungen und kann zu nachhaltigen wirtschaftlichen Schäden führen.

2.6.1.2. Photochemische Luftverunreinigung

Unter der Einwirkung des Sonnenlichts auf Gemische aus nitrosen Gasen und olefinischen Kohlenwasserstoffen, vor allem aus den Auspuffgasen von Kraftfahrzeugen, entstehen hochgiftige Photooxydationsprodukte, wie Ozon und Peroxiacetylnitrat (PAN), Hauptbestandteile des gefürchteten Smog. Auch sie wirken schädigend auf Photosynthese, Atmung und enzymatische Prozesse ein und beeinträchtigen dadurch die Stoffproduktion. Insbesondere werden die Membranpermeabilität und die Plasmastrukturen verändert. Die schädigenden Konzentrationsgrenzen liegen dabei außerordentlich niedrig und beginnen bereits im ppb-Bereich (DARLEY 1969).

Unter den sonstigen gasförmigen Industrieabprodukten wirken vor allem nitrose Gase und Teerdämpfe nachteilig auf die pflanzliche Stoffproduktion, letztere vor allem bei Kartoffel und Bohne (HALBWACHS 1969). Als Folge von Ätzschäden treten Blattverfärbungen und -zerstörung auf.

Zusätzliche Gefahren entstehen durch den Synergismus dieser Schadstoffe. Die Rauchgase sind meist Gemische mehrerer Substanzen, von denen jede für sich in unschädlicher Konzentration vorhanden sein mag, aber ihr Zusammenwirken, z. B. von SO_2 mit HF oder Ozon, kann schwerwiegende Folgen auslösen.

2.6.2. *Staubablagerungen*

Mit den Rauchgasen aus Industrie und Haushalten werden Kohlenstaub, Flugasche, Silikate und Oxide, Phosphate und Fluoride verschiedenster Herkunft und Zusammensetzung als Feinstaub in die Luft ausgestoßen, zum Teil über weite Strecken mit dem Wind verfrachtet und schließlich auf dem Boden und seiner Vegetation wieder abgelagert.

Die Staubschicht auf den Blättern wirkt im harmlosen Fall rein physikalisch, kann z. B. den Wärmeaustausch mit der umgebenden Luft verändern. Daneben können die Spaltöffnungen verstopft und dadurch der Gasaustausch behindert, d. h. Wasserhaushalt, Photosynthese und Atmung beeinträchtigt werden.

Bei feuchter Witterung lösen sich jedoch meist bestimmte Anteile der Stäube, dringen in die Pflanze ein und können dort chemisch den Zellstoffwechsel beeinflussen. Auch die Bodenreaktion kann dadurch maßgeblich verändert werden, u. U. sogar vorteilhaft, z. B. bei Ablagerungen von Kalkstaub. Ätzschäden können dagegen beim Abbinden von Zementstaub in den Pflanzen entstehen.

Bleistaub wird zum Teil von Metallhütten ausgestoßen, wird vor allem aber in den Auspuffgasen von Ottomotoren erzeugt, da dem Kraftstoff Bleiverbindungen als Antiklopfmittel beigemengt sind. Man schätzt, daß tausend Autos etwa 30 g Blei pro Kilometer Fahrstrecke produzieren. Je nach Verkehrsdichte, Entfernung von der Fahrbahn, Einwirkdauer, Form, Zahl und Stellung der Blätter, Windrichtung und Niederschlagsverhältnissen erhalten die entlang von Verkehrswegen wachsenden Pflanzen unterschiedliche Bleistaubmengen. Soweit Blei-Ionen in die Zellen eindringen können, wirken sie enzymblockierend, hemmen die CO_2-Assimilation, sowie Keimung und Wachstum. Der größte Teil der Bleistaubablagerungen bleibt jedoch an der Oberfläche der Pflanzenteile haften und kann abgewaschen werden. Generell ist die Giftwirkung von Blei bei Pflanzen wesentlich geringer als im Stoffwechsel von Tier und Mensch, und hier liegt die Hauptgefahr der Bleistaubansammlung auf Pflanzen. Deswegen wird empfohlen, die landwirtschaftliche Nutzung, einschließlich Beweidung, in einem 50 m breiten Schutzstreifen entlang stark befahrener Verkehrswege, besonders Autobahnen, zu unterlassen. Eine Aufgabe der Forschung wäre es, wirtschaftlich einsetzbare, bleifreie Kraftstoffzusätze zur Erhöhung der Klopffestigkeit zu entwickeln.

2.6.3. Pflanzenschutzmittel

Der von Jahr zu Jahr zunehmende Einsatz agrochemischer Mittel für Pflanzenschutz und Schädlingsbekämpfung setzt große Mengen synthetischer Stoffe in der Natur frei, die neben der beabsichtigten Schutzwirkung auf Nutz- und Kulturpflanzen oft unerwartete Gefahren für die Umwelt bringen. Die Wirkung dieser Substanzen gehört in den Bereich der Phytopathologie; hier sei nur auf das grundsätzliche Problem hingewiesen. Die Pflanzenschutzmittel — Insektizide, Pestizide, Herbizide — werden zwar auf ihre Unschädlichkeit gegenüber den zu schützenden Pflanzkulturen geprüft, das geschieht in der Regel jedoch nur mit Kurzzeit-Testverfahren, wobei auch lediglich der beabsichtigte Haupteffekt (z. B. Vernichtung bestimmter Pilzarten) im Blickpunkt steht. Neben-, Spät- und Fernwirkungen bleiben, weil meist nur mit schwierigen und zeitraubenden Methoden feststellbar, fast immer außer Betracht.

Mit solchen schleichenden, erst langfristig zutage tretenden Schadeffekten bei den Nutz- und Kulturpflanzen muß jedoch in diesen Fällen grundsätzlich gerechnet werden. Die chemischen Pflanzenschutzmittel, meist in Form von Aerosolen versprüht, sofern sie nicht direkt in den Boden zur Aufnahme über die Pflanzenwurzeln eingebracht werden, bleiben zunächst an der Oberfläche von Boden und Pflanze haften. Mit den Niederschlägen werden sie in den Boden eingewaschen und reichern sich dort an. Bestimmte Anteile können auch in die Pflanzenzellen eindringen und dort den Stoffwechsel beeinflussen, besonders bei wiederholter Behandlung von Dauerkulturen. Mit der pflanzlichen Ernährung gelangen solche Stoffe auch in den

Körper von Mensch und Tier, wo sie sich gleichfalls akkumulieren. Eine derartige Anreicherung wird meist auch dadurch begünstigt, daß diese synthetischen Industrieprodukte dem Naturhaushalt nicht angepaßt sind, oft extrem lipophil, daher kaum wasserlöslich sind, und so unter natürlichen Bedingungen nur sehr langsam abgebaut werden. Dadurch ungemein beständig, gelangen solche Substanzen auch über die Wasserwege bis in die Weltmeere. Dort können sie wiederum von Planktonalgen aufgenommen und bei deren Fähigkeit zur aktiven Stoffeinlagerung in den Zellen auf ein Vielfaches der ursprünglichen Konzentration angereichert werden. Dienen solche Algen in großen Massen als Futter für Fische, so steigt in deren Körper die Anhäufung der ursprünglich als harmlos anerkannten Substanzen bis zur Giftwirkung an. Weit vom Festland entfernt lebende Hochseevögel, und selbst Pinguine der Antarktis sind auf diese Weise schon mit DDT vergiftet worden, obwohl diese Substanz — eines der meistverwendeten Insektizide der vergangenen Jahre — niemals in jenen Gegenden ausgebracht worden war.

Besondere Vorsicht ist beim Umgang mit Herbiziden zur chemischen Unkrautbekämpfung in Acker- und Forstkulturen geboten. Durch spezifische Selektivität der benutzten Mittel sollen ja die unerwünschten Plfanzen vernichtet, die gewünschten aber erhalten und nicht in ihrer Produktivität geschmälert werden. Die Selektivitätsgrenzen verschieben sich jedoch mit den Art- und Sorteneigenschaften, desgleichen muß mit einem abweichenden chemischen Wirkungsspektrum bei stärkeren Temperatur- und Luftfeuchtigkeitsveränderungen gerechnet werden. Die Problematik ist besonders aktuell für die tropische Landwirtschaft, wo ein erhöhter Bedarf an chemischen Pflanzenschutzmitteln besteht, die hierfür eingesetzten kommerziellen Substanzen aber in der Regel in Europa oder Nordamerika d. h. unter Bedingungen des gemäßigten Klimas, hergestellt und getestet wurden. Sollen derartige Produkte in den Tropen Verwendung finden, so müssen sie dort auf jeden Fall zunächst auf mögliche Veränderungen im Reaktionsverhalten geprüft werden, da nicht nur die Klima- und Bodenbedingungen andersartig sind, sondern auch die zu schützenden Pflanzengruppen völlig abweichend reagieren können.

Da in den Tropen die mehrjährigen Dauerkulturen eine weit größere Rolle spielen als im gemäßigten Klima, gewinnt dort das Problem von schleichenden, langfristigen systemischen Einflüssen auf Stoffwechsel und Produktivität der Pflanzen besonderes Gewicht, zumal der unter dem tropischen Klima gesteigerte Schädlingsbefall auch eine häufigere und intensivere Behandlung mit Agrochemikalien erfordert. Zwar wird deren kurzfristige Wirkung auch in den Tropenländern heute regelmäßig getestet, aber Langzeit-Untersuchungen, unter den dortigen ökologischen Bedingungen, über Neben-, Spät- und Fernwirkungen wurden bisher kaum in Angriff genommen.

Für die zukünftige Produktion von Pflanzenschutzmitteln muß daher die Forderung Vorrang erhalten, daß die Produkte auch auf lange Frist keine oder nur geringe Nebenwirkungen haben und vor allem leicht im natürlichen Stoffkreislauf der Natur wieder abgebaut werden können.

2.6.4. Eutrophierung der Gewässer

In natürlichen, vom Menschen nicht oder nur wenig beeinflußten Gewässern befindet sich der Mineralstoffkreislauf im ökologischen Gleichgewicht (Bd. I, S. 123); abgestorbene Tier- und Pflanzenreste werden von Mikroorganismen wieder vollständig mineralisiert (Selbstreinigung der Gewässer).

Mit den Abwässern aus Industrie, Landwirtschaft und Haushalten gelangen jedoch zusätzlich große Mengen düngekräftiger Stoffe in die Gewässer (Nitrate, Phosphate, phosphathaltige Waschmittel, organische Abfälle, Fäkalien). Das übersteigerte Nährstoffangebot führt zur Massenentwicklung von Planktonorganismen, mit z. T. einseitiger Förderung bestimmter Gruppen. Damit aber häufen sich noch stärker die organischen Abfälle an und bieten die Nährstoffgrundlage für eine Massenvermehrung saprophytischer Zersetzer, die am Ende so stark überhandnehmen, daß der von ihnen verbrauchte Sauerstoff nicht mehr durch die Photosynthese der Algen ersetzt werden kann. Beginnend mit den tieferen Wasserschichten, setzen dort Fäulnisprozesse ein, mit Bildung von Schwefelwasserstoff und Faulschlamm, so daß Fische und andere sauerstoffliebende Organismen dort nicht mehr existieren können. Auch in den oberen, noch besser durchlüfteten Schichten verändert sich die Zusammensetzung der dortigen Lebensgemeinschaften als Folge des Nährstoffüberangebots.

Bedrohliche Ausmaße haben bereits die Folgen der Eutrophierung in manchen großen Strömen der Tropen und Subtropen erreicht, verursacht durch übermäßige Abwasserzuführung, rücksichtslose Urwaldrodung, Veränderungen des Wasserlaufes durch Stauanlagen u. a. m. Das Nährstoff-Überangebot hat dort zur Massen-Überhandnahme von Wasserpflanzen geführt. So hat der in Südamerika beheimatete Schwimmfarn *Salvinia auriculata* innerhalb weniger Jahre die Gewässer des gesamten afrikanischen Regenwaldgebietes besiedelt und tausende Hektar von Reisfeldern und Bewässerungsanlagen überwuchert. Die tropische Schwimmpflanze *Pistia stratiotes* bedeckt kilometerweit manche Stauseen, fast 140 Tonnen an Wasserhyazinthen (*Eichhornia crassipes*) treiben stündlich den Kongo hinab. Nicht nur die Schiffahrt wird davon behindert. Die Transpiration solcher riesigen Wasserpflanzenbestände unter den tropischen Temperaturen ist drei- bis achtmal so groß wie die einer freien Wasserfläche; dadurch werden enorme Wassermengen den Bewässerungskulturen entzogen. So geht etwa die Hälfte des in den Weißen Nil mündenden Wassers durch die Evapotranspiration der am Ufer wachsenden Papyrusstauden verloren (Härtel 1971).

3. Einfluß innerer Faktoren

3.1. *Alter und Entwicklungszustand*

Auch unter gleichen Außenbedingungen bleibt die Photosyntheseleistung eines Blattes nicht konstant, sondern ändert sich mit Alter, Entwicklungszustand und Funktion der Blätter an der Pflanze. Nach dem Blattaustrieb ist die Photosynthese-Aktivität zunächst noch niedrig, steigt jedoch bei krautigen Pflanzen rasch an und erreicht ihren Höchststand, kurz bevor das Blatt voll ausgewachsen ist (Abb. 27a). Dieses Niveau der „*photosynthetischen Reife*“ wird für eine gewisse Zeit gehalten, sinkt aber mit fortschreitendem Blattalter wieder beträchtlich ab. Zeitlich nacheinander gebildete Blätter einer Pflanze zeigen daher — auch bei gleicher Größe — ein ganz unterschiedliches Photosyntheseverhalten (Abb. 27b). Die Gesamt-Photosyntheseleistung einer Pflanze zu einem gegebenen Zeitpunkt setzt sich dann aus den Teilbeiträgen der einzelnen Blätter zusammen, wobei im Laufe der Entwicklung das Hauptgewicht der photosynthetischen Stoffproduktion sich von den unteren zu den oberen Blättern hin verschiebt (Abb. 27c). In der Regel ist etwa ein Drittel der Blätter photosynthetisch reif und bestreitet dann etwa zwei Drittel der photosynthetischen Gesamtleistung der Pflanze.

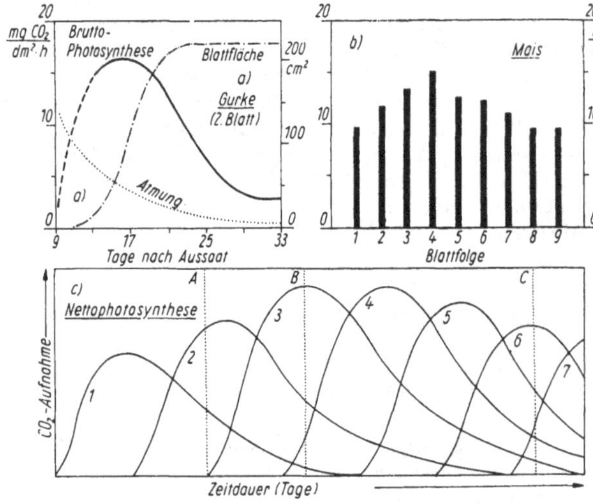

Abb. 27. Heterogenität der Photosynthese. — a) Entwicklung von Blattfläche, Bruttophotosynthese und Atmung im 2. Blatt einer Gurkenpflanze (nach HOPKINSON, 1964); b) Nettophotosynthese verschieden alter Maisblätter bei normalem CO_2-Angebot (300 ppm), 35 kLx, 21 °C (nach MEINL & BELLMANN, 1965); c) Schema der sich überlagernden Kurven für die Nettophotosynthese bei verschieden alten Blättern krautiger Pflanzen. — A, B, C — verschiedene Entwicklungsstufen der Pflanze

Das Photosynthesevermögen ändert sich nicht nur von Blatt zu Blatt, sondern auch mit der Gesamtentwicklung der Pflanze. Zu Beginn der Vegetationsperiode ist die Photosynthese-Aktivität in den Blättern allgemein höher als im Sommer oder Herbst. Oft stellt sich ein zweites Maximum zur Blütezeit ein. Blätter ausdauernder Pflanzen, z. B. von Nadelbäumen, erreichen ihre maximale Photosyntheseleistung meist am Ende des ersten Jahres, oder im Laufe des zweiten Jahres; später sinkt die Photosynthese-Aktivität langsam, aber stetig wieder ab (Šesták & Čatský 1966).

Die Unterschiede im Photosynthesevermögen der Blätter an einer Pflanze sind mitunter erheblich. So kann bei Reispflanzen während der für die Ertragsbildung entscheidenden Kornfüllungsperiode die Photosynthese-Aktivität des Fahnenblattes etwa eineinhalbmal so hoch wie die des nächsten Stengelblattes sein und die der nachfolgenden Blätter um das Vier- bis Fünffache übertreffen (Tab. 10).

Tabelle 10

Potentielle Kapazität der CO_2-Nettoassimilation (je Blattflächeneinheit) von Reispflanzen, Sorte ‚IR-8', in verschiedenen Entwicklungsstufen. – Relativwerte, bezogen auf die Photosyntheserate des zweiten Blattes; volle Sonnenstrahlung im Freiland (ca. 500 W/m² PhAR), Sept./Okt. 1973, Havanna, Cuba. (Lerch 1976)

Entwicklungsphase	Durchschnittliche relative Photosynthese-Intensität (%)				Maximale CO_2-Aufnahme (mg CO_2/dm² · h)	
	Fbl.	2. Bl.	3. Bl.	4. Bl.	Fbl.	2. Bl.
20 Tage nach Umpflanzen	–	100	82	52	–	25,5
Rispendifferenzierung	–	100	68	46	–	36,0
Blüte	167	100	48	20	29,0	24,0
Milchreife	148	100	36	–	28,0	20,4
Vollreife	185	100	7	–	25,8	13,9

Fbl. – Fahnenblatt

Diese „*Heterogenität der Photosynthese*" (ŠESTÁK & ČATSKÝ 1966) bei den Blättern ein und derselben Pflanze wird bei theoretischen Erörterungen oft nicht beachtet, vor allem nicht bei Berechnungen über die potentielle Produktivität von Pflanzenbeständen sowie deren optimale Blattflächenentwicklung und Bestandesdichte. In der Regel wird dabei die gesamte Blattfläche als einheitliches Ganzes aufgefaßt und ihre Größe durch den Blattflächenindex ausgedrückt (S. 99). Ein solches Verfahren ist für Überschlagsrechnungen dann zulässig, wenn die Blätter verschiedenen Alters so regellos im Raum verteilt sind, daß diese altersbedingten Unterschiede in der photosynthetischen Einzelleistung sich praktisch nicht getrennt identifizieren lassen und zu einem Durchschnittswert ausgleichen, z. B. bei niederwüchsigen Pflanzen oder im Laubwerk von Bäumen und Sträuchern. Die Heterogenität der Photosynthese darf aber nicht vernachlässigt werden, wenn die verschiedenaltrigen Blätter in räumlich trennbarer Anordnung, z. B. stockwerkartig übereinander geschichtet, erscheinen, wie etwa bei den Gräsern und zahlreichen anderen krautigen Pflanzen. Dann werden zwar die unteren Blätter in dichten Beständen stark beschattet, aber der dadurch verursachte Photosynthese-Ausfall spielt praktisch keine Rolle, da er nur gering ist und von den oberen, meist gut ausgeleuchteten Blättern mit ihrem weit stärkeren Photosynthesevermögen voll kompensiert werden kann.

Bei den Getreidearten verschieben sich nicht nur die Relationen der Photosynthesekapazität zwischen den einzelnen Blattkategorien im Laufe der Entwicklung, sondern diese Blattkategorien sind auch ganz unterschiedlich an der Produktion des Kornertrages beteiligt (S. 103). Wenn von der nach der Blüte gebildeten Hauptmasse des Kornertrages der weitaus größte Anteil durch die Photosynthese der beiden obersten Blätter (Weizen, Gerste) oder gar nur des Fahnenblattes (Reis) produziert wird, so müssen diese beiden ökophysiologisch wichtigen Blattgruppen dann optimale Bedingungen, vor allem ausreichendes Licht, bekommen. Die tiefer gelegenen Blätter haben zu diesem Zeitpunkt praktisch keine Bedeutung mehr für die Ertragsbildung, und sie dürfen daher nun auch nicht mehr in Berechnungen über das Verhältnis zwischen Produktivität und Blattflächenausdehnung einbezogen werden, da ansonsten Fehlschlüsse über den optimalen Blattflächenindex zur Nachblütezeit entstehen können.

Sowohl für die Technik des praktischen Pflanzenbaus wie auch für die Arbeit des Pflanzenzüchters ist es von Bedeutung zu wissen, welche Blätter für welche Etappe der Ertragsbildung jeweils das leistungskräftigste Produktionspotential der betreffenden Kulturpflanzenart oder -sorte darstellen.

Dieser Gesichtspunkt unterstreicht ebenfalls die Bedeutung der frühen Wachstumsphasen, besonders bei den krautigen Pflanzen. Mit der ersten starken Blattentfaltung (und deren hohem Photosynthesevermögen) entsteht gleichzeitig die entsprechende Basis für die Baustoffproduktion, von deren Aktivität der Ausbau und die Erweiterung des gesamten übrigen Produktionsapparates abhängt. Was hier — durch geeignete Entwicklungsbedingungen — an Gewinn in der pflanzlichen Stoffproduktion erzielt wird, trägt stetig sich mehrende Zinsen; was verlorengeht, ist — wenn überhaupt — nur sehr schwer und mit unverhältnismäßig großem Aufwand wieder einzuholen.

Jungpflanzen brauchen zur ungehinderten Stoffproduktion oft auch cin ausgeglicheneres Mikroklima als im reifen Zustand. So können z. B. die Bedingungen eines voll besonnten Standorts — starke Strahlung, verbunden mit hohen Tagestemperaturen und entsprechender Austrocknungsgefahr, sowie erheblicher Wärmeverlust durch nächtliche Ausstrahlung — den jungen Organismus derart angreifen, daß nicht nur der Photosynthesemechanismus nachhaltig gestört, sondern auch der gesamte übrige Stoffwechsel, insbesondere der Stickstoffhaushalt, in Mitleidenschaft gezogen wird. In solchen Fällen ist die junge Pflanze nicht in der Lage, unter den gegebenen harten Umweltbedingungen einen reibungslos funktionierenden und ausreichend widerstandsfähigen Produktionsapparat aufzubauen, und kann im Extremfall völlig zugrunde gehen. Können solche Pflanzen jedoch während einer gewissen Anfangsperiode unter ausgeglicheneren Temperatur- und Feuchtebedingungen — etwa unter leichtem Schatten — ihre Stoffwechselkonstitution ausreichend ausbauen und festigen, so ertragen sie bei fortgeschrittener Reife, gegebenenfalls nach allmählicher Anpassung, ohne Schwierigkeiten die gleichen harten Bedingungen, denen sie früher erlegen wären. In Gartenbau und Forstwirtschaft wird dieses Prinzip bei der Anzucht von Sämlingen seit langem angewandt. Auch bei vielen tropischen Pflanzkulturen, z. B. Kaffee, werden die Jungpflanzen grundsätzlich unter Schatten angezogen, auch wenn sie später an vollbesonnte Standorte ausgebracht werden.

3.2. Baustoffverteilung

Der Nutzeffekt der pflanzlichen Stoffproduktion hängt nicht nur von der Menge des verfügbaren Baumaterials ab, sondern ebensosehr davon, wofür dieses verwendet wird. Entscheidend für ein zügiges vegetatives Wachstum ist die Entwicklung einer ausreichenden Blattfläche als photosynthetische Produktionsstätte, in ausgewogenem Verhältnis zum Sproßachsen- und Wurzelsystem. Gelingt dies nicht — infolge unzureichender Außenbedingungen — bereits relativ frühzeitig, so entsteht ein nachhaltiger Verlust an Produktionspotential, dessen Folgen bis zum Ertrag nachwirken können und der auch nicht durch spätere verstärkte Anstrengungen wettgemacht werden kann.

Wassermangel im Boden, insbesondere während der Jugendentwicklung, zwingt die Pflanzen zu übergewichtiger Investition von Baumaterial für die Anlage ausgedehnter Wurzelsysteme und bei trockener Luft auch zu verstärkten Schutzeinrichtungen gegen Verdunstung und Welken (xeromorphe Merkmale, vgl. Teil I, S. 93), auf Kosten der Blattflächenentwicklung. Die Blätter bleiben kleiner, damit auch der photosynthetische Produktionsapparat, und damit bleiben — trotz stellenweise erhöhter Photosyntheseleistung der Einzelblätter — auch die Stoffproduktionsergebnisse niedriger (S. 57). Ähnlich wie Trockenheit wirkt Nährstoffmangel im Boden, vor allem an Stickstoff. Auch besonders ungünstige Witterungsverhältnisse, mit längeren Kälteperioden, wie in den Polargebieten und im Hochgebirge, zwingen die Pflanzen, sich mit ihren Überdauerungsorganen verstärkt unter die Erdoberfläche zurückzuziehen und die Hauptmasse der produzierten Assimilate zum Ausbau umfangreicher unterirdischer Sproß- und Wurzelsysteme zu verwenden. Die oberirdischen Teile bleiben niederwüchsig, werden dadurch zwar gut unter einer

Schneedecke geschützt, aber an ihnen kann sich nur eine relativ kleine Blattfläche entwickeln, die zwar die günstigen Tages- und Jahreszeiten sehr intensiv zur Photosynthese nutzt, aber insgesamt nur einen geringen Stoffgewinn erreicht, so daß solche Pflanzen nur langsam wachsen. Je günstiger die Temperatur-, Feuchtigkeits- und Nährstoffverhältnisse, desto kleiner kann im allgemeinen das Wurzelsystem gehalten werden, und um so mehr können die verfügbaren Baustoffe zur Erweiterung der oberirdischen Pflanzenteile mit der Entfaltung einer großen Gesamtblattfläche, d. h. zur Vergrößerung des eigentlichen Produktionspotentials eingesetzt werden. Diese Verhältnisse widerspiegeln sich auch in der Trockenmasseverteilung bei den klimabedingten Vegetationsformationen (Abb. 28).

Allgemein wandern die Assimilate ständig im Pflanzenkörper, vom Ort ihrer Entstehung zu den Stellen des Verbrauchs für den Aufbau neuer Gewebe oder als Betriebsstoff für die Energieversorgung. Dabei bestehen charakteristische Unterschiede in der Baustoffverteilung für die Hauptwuchsformen:

a) *Einjährige Kräuter*

Annuelle Pflanzen sind gezwungen, während einer kurzen Zeitspanne von oft nur wenigen Wochen oder Monaten mit günstigen Umweltbedingungen ihren gesamten Lebenszyklus von der Keimung bis zur erneuten Frucht- und Samenbildung zu vollenden. Sie sind darauf eingerichtet, rasch und intensiv eine kurzzeitig gegebene vorteilhafte Situation auszunutzen, nicht aber auf ein Überdauern ungünstiger Perioden. Sie müssen daher ihre verfügbaren Baustoffe zunächst vorrangig für die Bildung von Blättern als Photosyntheseapparat einsetzen, um rasch zu wirksamer Stoffproduktion zu gelangen. Die nicht photosynthetisch tätige Stengel- und Wurzelmasse als lediglich substanz-zehrende Anteile bleiben während des Jugendwachstums auf das Mindestausmaß beschränkt und wachsen erst allmählich nach Maßgabe des in den Blättern produzierten Baumaterialangebots (Abb. 29). Überschüssige Assimilate werden in den Speichergeweben von Stengel und Wurzeln als Reserven eingelagert, wo sie für die Blüten-, Frucht- und Samenbildung wieder mobilisiert werden. Ebenso wandern dann die von den noch lebenden Blättern gebildeten Assimilate fast ausschließlich in die Blüten- und Fruchtstände, während der restliche Pflanzenkörper im wesentlichen nur das zur Erhaltungsatmung notwendige Material erhält. Da unter solchen Bedingungen eine hohe Produktionsleistung innerhalb einer kurzen Frist vollbracht werden muß, ist das Photosynthesevermögen der einjährigen Pflanzen oft sehr groß, und zu ihnen zählen die ertragreichsten Kulturpflanzen, z. B. Getreidearten.

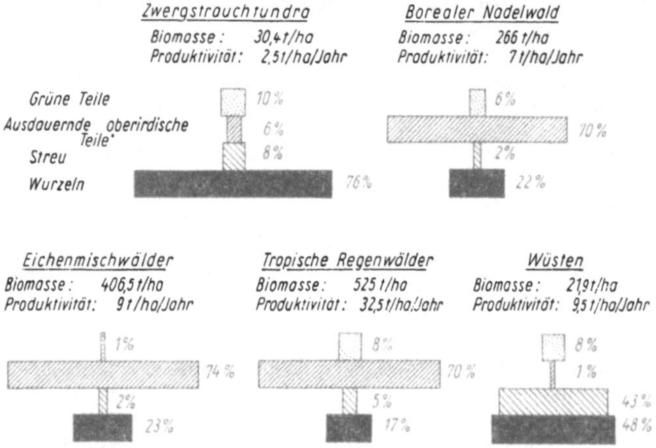

Abb. 28. Verteilung der Biomasse in ausgewählten Vegetationstypen. — Nach Angaben von RODIN & BAZILEVICH, aus KORMONDY (1969), verändert

b) *Ausdauernde Kräuter*

Mehrjährige krautige Pflanzen sind darauf eingestellt, die Überschüsse ihrer Stoffproduktion aus einer witterungsgünstigen Jahreszeit nicht bis zur Blüten- und Samenbildung verausgaben zu müssen, sondern lagern diese Produkte zunächst in Speichergeweben ein, die die nachfolgenden ungünstigen Witterungsperioden überdauern. Blüten-, Frucht- und Samenbildung erfolgen frühestens im zweiten Vegetationsjahr und können dann in ein- oder mehrjährigen Abständen fortgesetzt werden. *Hapaxanthe Pflanzen* blühen und fruchten überhaupt nur einmal im Leben, nach einem zwei- bis mehrjährigen vegetativen Wachstum, wenn sich ausreichende Reserven für den dann meist sehr großen Materialaufwand der Blüten- und Fruchtbestände angesammelt haben.

Die aus den Samen auskeimenden Jungpflanzen entwickeln sich zunächst wie annuelle Kräuter, d. h. mit vordringlicher Laubentfaltung und kräftiger Stoffproduktion. Die gebildeten Assimilate werden zunächst in den Speicherparenchymen von Sproßachsen und Wurzeln deponiert und gegen Ende der Vege-

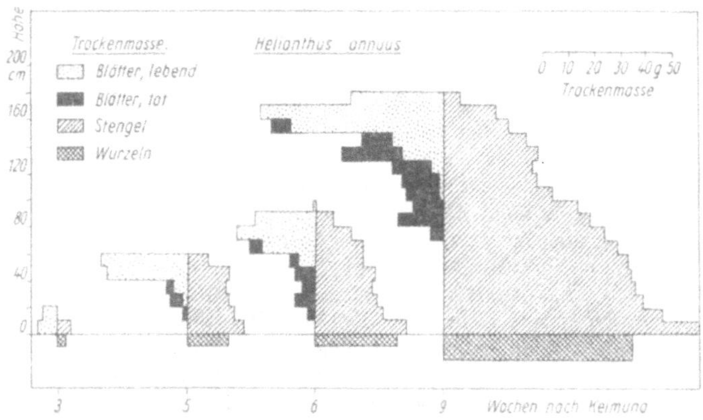

Abb. 29. Schema der Biomasseverteilung in Sonnenblumen verschiedenen Alters. – Nach HIROI & MONSI (1966), verändert

tationsperiode meist in unterirdische Speicherorgane verlagert, die in Form von Zwiebeln, Rhizomen, Knollen und Rüben beträchtlichen Umfang annehmen können. Hier werden ungünstige Kälte- oder Dürreperioden überdauert. Treten im Frühjahr oder bei einsetzender Regenzeit wieder produktionsgünstige Bedingungen auf, so steht ein ergiebiger Baustoff-Vorrat zur Verfügung, der den zügigen Aufbau eines neuen oberirdischen Sproßsystems ermöglicht, ohne daß die Pflanze ausschließlich auf die Photosynthese der erst neuzubildenden Blätter angewiesen ist. Blüten und Früchte werden dann angelegt, wenn ausreichende Stoffreserven vorhanden sind. Während der Blüten- und Fruchtbildung werden die Photosyntheseprodukte vorrangig für diesen Zweck verwendet und erst nachher wieder den Speicherorganen zugeführt.

Mit einer derartigen Stoffverteilungsrhythmik arbeiten die Pflanzen unter Bedingungen, die den für Wachstum und Photosynthese günstigen Zeitraum nicht ausreichen lassen, um die notwendige Substanzproduktion für Blüten, Früchte und Samen zu sichern. Das betrifft vor allem die Gewächse semiarider Steppen- und Halbwüstengebiete, sowie viele Hochgebirgsstauden, die nur den kurzen, oft wetterwendischen Bergsommer zur Verfügung haben. Ähnliches gilt für die Frühblüher in der Krautschicht unserer Laubwälder, die nur während der kurzen Frist zwischen dem Beginn warmer Frühlingstemperaturen und der Laubentfaltung in den Baumkronen ausreichend Licht zur Stoffproduktion erhalten (vgl. Teil I, S. 20). Die in den Rhizomen, Zwiebeln und Knollen gespeicherten Nährstoffe aus dem Vorjahr ermöglichen ihnen dann bei günstiger Temperatur eine fast schlagartige Entwicklung, indem binnen weniger Tage bereits die Blüten erscheinen, deren Materialbedarf zu diesem Zeitpunkt noch nicht durch die Photosynthese der neugebildeten Blätter gedeckt werden könnte. Oftmals erscheinen die Blätter überhaupt erst nach der Blüte.

Aus der Notwendigkeit, beträchtliche Baustoffreserven unter der Erde zu speichern, wächst die Trockenmasse der unterirdischen Pflanzenteile, insbesondere der Speicherorgane (Rhizome, Knollen, Zwiebeln), oft auf ein Vielfaches der oberirdischen Pflanzenmasse an. Praktische ökologische Probleme für die Landwirtschaft ergeben sich dann, wenn solche vegetativen Speicherorgane als Ertrag genutzt werden. Bei den meisten Knollen- und Wurzelfrüchten wachsen die für den Ertrag wichtigen Teile erst dann zu voller Ausdehnung heran, wenn die Blattentwicklung mit ihrer photosynthetischen Leistung den Höchststand bereits überschritten hat und sich in Rückbildung befindet. Solche Kulturen erreichen nur dann hohe Erträge, wenn zunächst ein Laubwerk mit optimaler Blattfläche unter günstigen Außenbedingungen durch seine Photosynthesetätigkeit diejenigen Baustoffvorräte schafft, aus denen dann durch Umlagerung der Assimilate die Substanz für das Wachstum von Knollen und Rhizomen bestritten werden kann, zu einem Zeitpunkt, wenn die Photosyntheseleistung der oberirdischen Pflanzenteile bereits merklich nachläßt. Bleibt die anfangs gebildete Blattfläche zu klein, so werden nicht genügend Reserven für die Bildung der Speicherorgane produziert. Wird die Blattfläche zu groß angelegt, z. B. als Folge übermäßiger Stickstoffdüngung, so entsteht zwar ein scheinbar ausgedehntes

Photosynthesepotential, aber zu seinem Aufbau und Betrieb wird derart viel Substanz verbraucht, daß später zu wenig Baumaterial für die Speicherorgane übrig bleibt und die Erträge ebenfalls zu niedrig ausfallen. Acker- und pflanzenbauliche Maßnahmen müssen daher versuchen, sowohl für die Hauptphase des Blattwachstums wie auch für die Folgeperiode der Entwicklung von Knollen und Rhizomen differenziert die jeweils optimalen Bedingungen zu schaffen.

c) *Holzpflanzen*

Bei Bäumen und Sträuchern werden die Baustoffe von Anfang an vorrangig für die Entwicklung eines vieljährigen, überdauerungsfähigen Sproß- und Wurzelsystems investiert. Bestreiten die Blätter in den ersten Jahren noch etwa die Hälfte der gesamten Trockenmasse einer Pflanze, so geht dieser Anteil bei ausgewachsenen Bäumen auf 1 bis 5% zurück, da die Blattmasse nur wenig zunimmt und schließlich praktisch gleich bleibt, wogegen die Stämme und Äste immer dicker und schwerer werden (LARCHER 1976). Das Verhältnis zwischen der Masse grüner und nichtgrüner Teile ist hier besonders ungünstig, und das Laub muß das Zwanzig- bis Hundertfache des eigenen Gewichts mit Bau- und Betriebsstoffen versorgen. Als Folge davon bleibt nicht nur der Stoffgewinn im Verhältnis zu den Kräutern relativ gering, sondern die Holzpflanzen sind auch gezwungen, die gebildeten Assimilate mehrmals im Jahr umzulagern, damit deren rationeller Einsatz unter den jeweiligen Außenbedingungen frist- und ortsgerecht erfolgen kann. Dabei hängt die Assimilatverteilung sowohl vom Klima- wie auch vom Pflanzentyp ab (Abb. 30).

Sommergrüne Laubbäume (Abb. 30a). Hier liegen die Stärkereserven während des Winters überwiegend unter der Erde im Wurzelsystem gespeichert; in Stämmen und Ästen bleibt nur wenig zurück, wird aber kurz vor dem Laubaustrieb von den Wurzeln her aufgefüllt. Die Bildung der Blattmasse braucht fast die gesamten Reserven auf, auch die Wurzeln werden weitgehend entleert. Mit der Photosynthesetätigkeit im Sommer werden erneute Stärkereserven angereichert. Dabei werden die Assimilate zunächst bevorzugt für Blüten- und Fruchtbildung eingesetzt, in zweiter Linie erst für das Dickenwachstum der Achsen. Zuletzt werden vegetative Knospen und die Speichergewebe in den Wurzeln beliefert. Dann noch vorhandene Überschüsse werden zur Anlage von Blütenknospen verwendet.

Reicher Fruchtansatz schmälert somit das Erstarkungswachstum, mangelhafte Stoffproduktion während eines Jahres läßt zwar vegetative, aber keine Blütenknospen für das nächste Jahr entstehen. Der Assimilatbedarf für Blüten-, Frucht- und

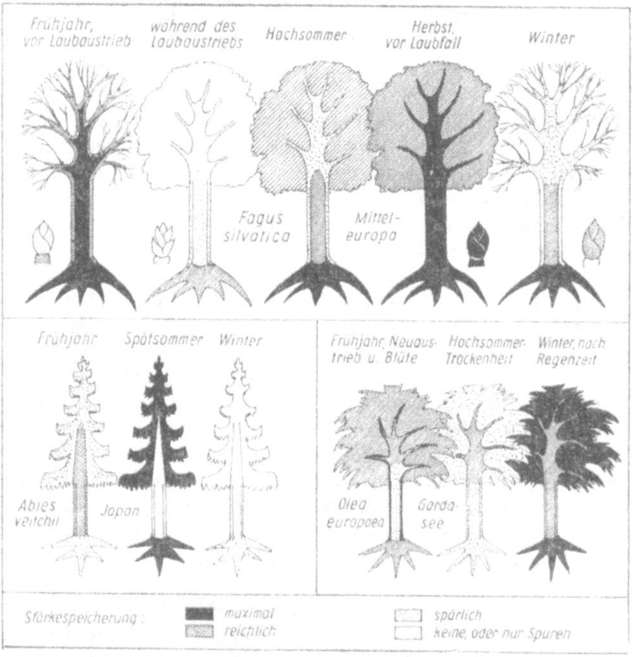

Abb. 30. Jahreszeitliche Stärkespeicherung in Baumtypen verschiedener Klimagebiete. — Nach mehreren Autoren, aus LARCHER (1976)

Samenbildung ist beträchtlich und beansprucht bei Kiefern 5—15%, bei Buchen mehr als 20% und bei Äpfelbäumen sogar 35% der Jahresnettoproduktion. Zahlreiche Baumarten des gemäßigten Klimas können daher nur in mehrjährigen Abständen die für den Fruchtansatz nötigen Reserven aufsparen (Laubbäume alle 2—3 Jahre, Nadelgehölze meist alle 2—6 Jahre).

Unter besonders ungünstigen Witterungsverhältnissen, wie in arktischen Gebieten oder im Hochgebirge, fruchten die Bäume noch seltener.

Am Ende der Vegetationsperiode, kurz vor dem Laubfall, werden die Stärkereserven aus den Blättern in Stamm, Zweige und Wurzeln ausgelagert und dort über den Winter aufbewahrt.

Immergrüne Bäume und Sträucher des gemäßigten Klimas behalten während des Winters mit ihrem Laub auch einen voll einsatzfähigen Produktionsapparat, der erst im Spätherbst mit der aktiven Photosynthese aufhört und bereits im zeitigen Frühjahr erneut damit beginnt. Dadurch können die relativ spät austreibenden Knospen zum großen Teil schon mit neugebildeten Assimilaten versorgt werden. Der Restbedarf wird aus den Reserven in Stämmen, Ästen und Wurzeln gedeckt. Die während der produktionsgünstigen Witterungsperiode angesammelten Assimilate werden zunächst vorzugsweise in den Nadelblättern gespeichert. Während des Winterfrostes sind die oberirdischen Pflanzenteile ebenfalls frei von Stärke (Abb. 30b). Trockenzeiten wirken sich ähnlich auf die Hartlaubgehölze der mediterranen Winterregengebiete aus (Abb. 30c).

3.3. *Frucht- und Samenbildung*

3.3.1. *Differenzierung*

Die pflanzliche Produktion während des vegetativen Wachstums läßt sich im allgemeinen aus Rohstoffangebot und den Produktionsbedingungen in Klima und Boden ableiten und bildet weitgehend eine Funktion der Photosynthese-Atmungs-Aktivität. Dies gilt ganz besonders für die Gehölze, deren Produktionsüberschuß vorwiegend zum Aufbau des massiven Holzkörpers investiert wird, an dem die Mineralstoffe in der Regel mit weniger als 1% beteiligt sind. Eine ähnliche Vorrangstellung besitzt die Photosynthesetätigkeit in der Produktivität von Futterpflanzen, bei denen die grüne Blatt- und Stengelmasse den Hauptertrag darstellt.

Eine andere Rolle spielt die Stoffproduktion bei der geschlechtlichen Vermehrung. Ein üppiges Wachstum von Sproßachsen und Blättern muß keineswegs einen entsprechend reichen Ertrag an Früchten oder Samen hervorbringen. Oft können sogar Faktoren, die das vegetative Wachstum besonders fördern – z. B. reichliche Wasser- und Stickstoffgaben – sich geradezu gegenteilig auf die Entwicklung von Blüten und Früchten auswirken, und umgekehrt kann die Anlage von Blüten durch vorübergehenden Mangel an Wasser oder Nährstoffen ausgelöst werden. Den ersten Schritt zur geschlechtlichen Vermehrung bei den höheren Pflanzen bildet die entsprechende Differenzierung in den Embryonalgeweben der Vegetationspunkte, und das geschieht durch hormonal gesteuerte Prozesse, an denen die Photosynthese und die Regulatoren des vegetativen Wachstums nicht oder nur mittelbar beteiligt sind. Jedoch sind auch die geschlechtlichen Differenzierungsprozesse von den Umweltbedingungen her beeinflußbar und lassen sich z. T. künstlich steuern.

So kann der Lichtfaktor wesentlichen Einfluß ausüben, jedoch nicht über die Photosynthese, sondern über das Phytochromsystem (Photoperiodismus), und es entscheidet hier nicht die Lichtstärke, sondern Dauer und Verteilung der Dunkelperioden.

Die Prozesse der Blütenbildung, mit nachfolgender Bestäubung und Befruchtung besitzen einschneidende Bedeutung für den gesamten späteren Ertrag an Früchten und Samen. Diese Phase der pflanzlichen Entwicklung, mit den Möglichkeiten ihrer gezielten Beeinflussung, genießt gegenwärtig größte Aufmerksamkeit in Forschung und praktischem Pflanzenbau, doch stehen diese Probleme außerhalb der eigentlichen Prozesse für die pflanzliche Stoffproduktion und scheiden daher an dieser Stelle für die Betrachtung aus.

3.3.2. Stoffproduktion

Während bei den Gehölzen die Trockenmasse für Blüten und Früchte in der Regel gegenüber dem Holzzuwachs kaum ins Gewicht fällt, beansprucht die Blüten-, Frucht- und Samenbildung bei den krautigen Pflanzen oft einen sehr großen Anteil ihrer Gesamtstoffproduktion.

Bei Sommergetreide z. B. werden für die Bildung des ersten Viertels der Gesamttrockenmasse etwa 10 Wochen, für das zweite Viertel zwei weitere Wochen benötigt; die restlichen 50% des Gesamtertrages werden dagegen erst in den letzten zwei bis drei Wochen vor der Ernte produziert. Bei Reis schätzt man, daß etwa 80% der für den Kornertrag benötigten Trockensubstanz erst nach Beginn der Blüte gebildet wird.

Die Stoffproduktion für die geschlechtliche Vermehrung beginnt mit der Anlage der Blüten, deren Masse jedoch in der Regel unbedeutend ist, gemessen am vegetativen Wachstum.

Ausnahmen bilden u. a. manche *hapaxanthe Pflanzen*, die oft jahrzehntelang nur vegetativ wachsen und dabei Reserven einlagern, dann aber — wie bei den Agaven und verschiedenen Palmenarten — einen riesigen Blüten- und Fruchtstand entwickeln, dessen Bildung die gesamte Produktionskraft der Pflanze erschöpft, die nach der Fruchtreife abstirbt. Auch bei einjährigen Kräutern nimmt die Blütenmasse mitunter beträchtliche Ausmaße an, besonders bei erschwerten Bedingungen für die Pollen- oder Samenverbreitung.

Für die Ertragsbildung interessiert vorrangig die Stoffproduktion bei Früchten und Samen. Wesentlich ist dabei die Frage, woher deren Substanz kommt. Grundsätzlich stehen drei Wege offen:

(1) Die Blüten und Früchte, bzw. Blüten- und Fruchtstände, besitzen selbst ausreichend arbeitsfähige Chloroplasten in ihren Geweben, so daß sie — wenigstens für gewisse Zeit — eigenständig einen beträchtlichen Anteil der Ertragsmasse produzieren.

(2) Die Grundstoffe werden in den Blättern erzeugt, von dort in die Blüten, Früchte und Samen transportiert und hier für den endgültigen Zweck verarbeitet.

(3) Es werden Reserven mobilisiert, die als Produktionsüberschuß während des früheren vegetativen Wachstums in den Speichergeweben eingelagert wurden.

Von den Pflanzen werden alle drei Möglichkeiten genutzt; über ihren genaueren prozentualen Anteil, sowie ihre zeitliche Aufeinanderfolge weiß man gegenwärtig noch wenig.

Präzisere Kenntnisse auf diesem Gebiet sind jedoch unerläßlich, denn nur mit ihrer Hilfe läßt sich die Ertragsbildung bereits in den einzelnen Teilprozessen rationell, nach Art und Sorten differenziert fördern. Das Problem berührt den nach effektivster Methodik suchenden Pflanzenbauer ebenso wie den Züchter, der Grundlagen für die Gestaltung des optimal produzierenden Art- oder Sortentyps benötigt.

4. Produktivität von Pflanzenbeständen

4.1. Einzelpflanze und Pflanzenbestand

Wirtschaftlich nennenswerte Erträge werden in der Regel nicht von Einzelpflanzen, sondern aus Beständen gewonnen. Die Stoffproduktion eines Pflanzenbestandes läßt sich jedoch nicht aus dem ökologischen Verhalten der Einzelpflanzen summieren, wie sie isoliert auf die Umweltbedingungen reagieren. Zu der an sich bereits komplizierten Wechselwirkung von Klima- und Bodenfaktoren tritt die gegenseitige Beeinflussung der Gewächse, wodurch ein spezifisches Bestandesklima mit entsprechenden Bodeneigenschaften und seinen — oft äußerst schwierig zu analysierenden — Folgen auf die Pflanzenentwicklung entsteht.

Die Wurzeln benachbarter Pflanzen konkurrieren um Wasser und Nährstoffe im Boden. Die oberirdischen Teile verdrängen und beschatten einander; die Pflanzen werden dadurch allgemein zu höherem und schlankerem Wuchs angeregt als bei freistehenden Einzelexemplaren. Meist ist dies mit frühzeitigem Absterben der unteren Zweige und Blätter infolge Lichtmangels verbunden. Die gleichzeitige Beschattung der Bodenoberfläche mildert dort die Temperaturgegensätze, senkt die Verdunstung, die herabgesetzte Luftzirkulation verändert auch die Kohlendioxidbilanz innerhalb des Bestandes. Die Lichtabhängigkeit der Photosynthese (Abb. 9) für Einzelpflanzen gilt nicht für einen Bestand (vgl. S. 40). Mit zunehmender Beleuchtungsstärke steigt die Nettophotosynthese eines Bestandes oder einer

Baumkrone annähernd geradlinig an und bildet keine Optimumkurven wie bei den Einzelpflanzen oder -blättern.

Bei den ackerbaulichen Kulturpflanzen wirkt sich vor allem die Bestandesdichte maßgeblich auf Wuchsform und Ertrag aus. Je größer der Abstand zwischen den einzelnen Pflanzen, um so allseitiger und üppiger ist im allgemeinen ihr individuelles Wachstum und ihre Stoffproduktion. Bei den Getreidearten betrifft dies vor allem die Bestockung mit ihren Folgen für Wachstum und Kornertrag. Rechnet man jedoch die Ergebnisse auf die Bodenfläche des Bestandes um, so resultieren oft überraschend gegenläufige Werte (Abb. 31). Jede Art und Sorte hat somit ihre optimale Standweite, die wiederum durch die sonstigen Klima- und Bodenfaktoren, z. B. Wasser- und Mineralstoffversorgung, beeinflußt wird. Untersuchungen zur Optimierung pflanzenbaulicher oder züchterischer Maßnahmen mit dem Ziel einer Produktivitätssteigerung dürfen sich daher nicht am Bild von Einzelpflanzen orientieren, sondern müssen in jedem Fall das Verhalten im Bestand prüfen.

4.2. Produktivitätsanalyse

Ausgehend von der Annahme, daß die Gesamtblattfläche maßgeblich den Umfang der photosynthetischen Produktionskapazität charakterisiert, wird häufig die Entwicklung der Blattfläche und der parallel dazu verlaufenden Trockenmasseproduktion als Maßstab für die Ertragsbildung benutzt. Dabei arbeitet man vor allem mit folgenden Kenngrößen:

4.2.1. Blattflächenindex (BFI)

Der *Blattflächenindex* (*Leaf Area Index* — LAI) gibt die Gesamtfläche lebender Blätter über einer gegebenen Bodenfläche an:

$$\text{BFI} = \frac{\text{Gesamtblattfläche (m}^2\text{)}}{\text{Bodenfläche (m}^2\text{)}}$$

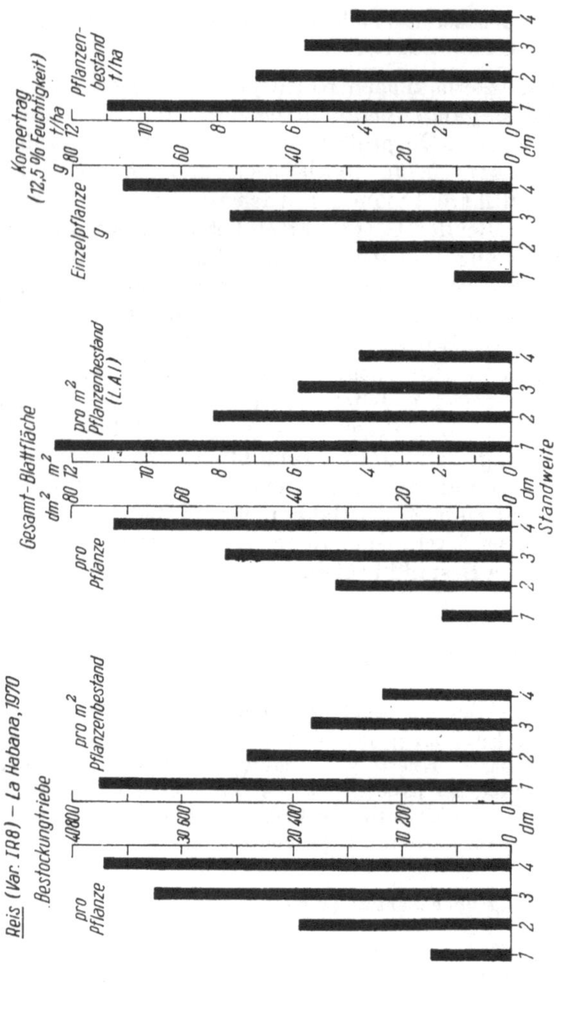

Abb. 31. Blattflächenentwicklung, Stoffproduktion und Ertrag von Reiskulturen (IR 8) in Cuba bei unterschiedlicher Standweite (nach Daten von LERCH, 1976)

Der Blattflächenindex wird bestimmt durch die Belaubung der Einzelpflanzen und deren gegenseitigen Abstand, wobei dieser in Wechselwirkung auch die individuelle Blattentfaltung beeinflußt (Abb. 31). Bei offenen, niederwüchsigen Pflanzengemeinschaften hat der BFI meist Werte zwischen 0 und 2, bleibt besonders tief bei spärlichem Pflanzenwuchs (Tundra, Felsstandorte, Hochgebirge). Bei geschlossenen Beständen mit hochwüchsigen Kräutern und Gehölzen mit großen, weitgehend horizontal oder schräg gestellten Blättern beträgt die Gesamtfläche der — vielfach übereinander gestaffelten und auf Lücke angeordneten — Blätter meist das Vier- bis Sechsfache der vom Bestand eingenommenen Bodenfläche. Bei dichten Wäldern und hochertragreichen Gräser- oder Getreidearten, mit steil aufgerichteten Blättern, kann der Blattflächenindex auf Werte von 10 bis mehr als 15 m^2/m^2 ansteigen.

Für die Stoffproduktion eines Bestandes sind die Blätter dann am günstigsten verteilt, wenn von ihnen die gesamte photosynthetisch aktive Strahlung (S. 24) absorbiert wird, ohne daß zu viel Produktionsausfall als Folge der gegenseitigen Beschattung eintritt. Lichte Bestände führen zwar auch den unteren Blättern reichlich Strahlungsenergie zu, doch wird diese von den Lücken im Bestand nicht genutzt. Zu enge Pflanzdichte dagegen beschattet so stark die tiefer gelegenen Blätter, daß deren Photosynthese zu sehr behindert wird und die Gesamtstoffproduktion darunter merklich leidet. Solche übermäßig beschatteten Blätter sterben auch vorzeitig ab.

In natürlichen Pflanzengemeinschaften stellt sich so der für die jeweiligen Standortsbedingungen optimale Blattflächenindex als Ergebnis des Wettbewerbs um Licht-, Wasser- und Nährstoffversorgung von selbst ein und ändert sich nur mit der jahreszeitlichen Laubentwicklung. Bei Kulturpflanzen wird der Blattflächenindex zusätzlich von der willkürlich sfestgesetzten Pflanzdichte beeinflußt, deren Wahl entscheidend die Stoffproduktion und Ertragsbildung eines Bestandes mitbestimmt. Die in aller Welt zunehmende Verknappung an landwirtschaftlich nutzbarer Fläche zwingt dazu, höchstmögliche Erträge auf kleinster Bodenfläche anzustreben. Das bedeutet unter anderem, eine optimale Bestandesdichte zu schaffen, die die effektivste Nutzung der verfügbaren Rohstoffe und Sonnenenergie sichert. Versucht man, über empirische Methoden hinausgehend, auf dem Weg biophysikalischer Modelle die günstigste Bestandesdichte durch Berechnung eines „optimalen

Blattflächenindex" zu ermitteln, der die wirkungsvollste Stoffproduktion gewährleisten soll, so darf man nicht mit einer einheitlichen Photosyntheserate arbeiten (wie sie unter Umständen im Laboratorium an Einzelblättern bestimmt wurde), sondern es muß in jedem Fall deren Veränderlichkeit berücksichtigt werden, die nicht nur vom Lichtgenuß abhängt. Als Folge der Photosynthese-Heterogenität (S. 86) in den Einzelblättern ändert sich auch das Photosynthesevermögen eines Pflanzenbestandes mit dessen Alter und Entwicklungszustand und wird zusätzlich vom Gesamtkomplex der Umweltbedingungen beeinflußt. Abb. 32 zeigt am Beispiel einer tropischen Wasserreiskultur (wo der ansonsten schwerwiegende Einfluß veränderter Wasserversorgung ausgeschaltet war), wie Mineralstoff-

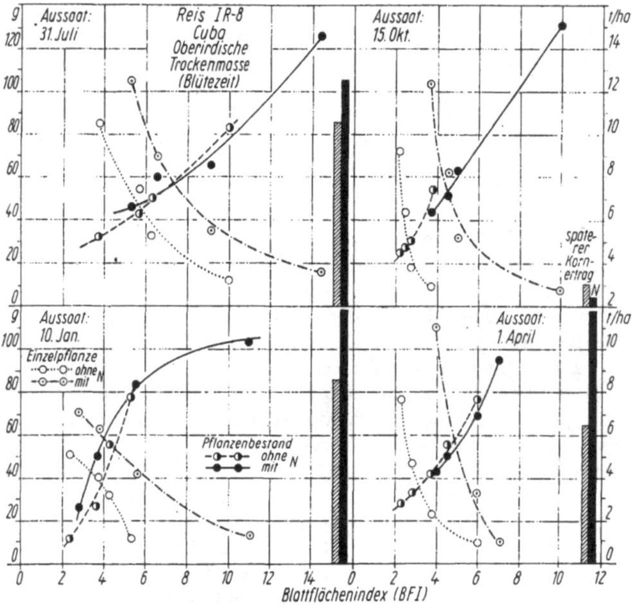

Abb. 32. Beziehungen zwischen Blattflächenindex (Blütezeit) und oberirdischer Trockenmasseproduktion von Einzelpflanzen und Pflanzenbeständen in tropischen Reiskulturen (Sorte IR-8), bei unterschiedlicher Aussaatzeit, mit und ohne N-Düngung. – Nach Daten von LERCH & al., 1972

düngung und der durch unterschiedliche Aussaatzeit veränderte Komplex der klimatischen Faktoren das Verhältnis zwischen Blattflächenentwicklung und Stoffproduktion beeinflussen.

Noch schwieriger werden die Untersuchungen und Berechnungen, wenn der Ertrag durch Speicherorgane (Knollen, Rhizome usw.), Früchte oder Samen gebildet wird, deren Substanz weitgehend aus Reserven stammt, die zu einem früheren Zeitpunkt aus den Überschüssen der in den Blättern produzierten Assimilate angelegt wurden. Dann kommt es darauf an, für diejenigen Blätter die bestmögliche Verteilung und Photosynthesebedingungen zu schaffen, die am stärksten an der Substanzproduktion für den später zu erntenden Ertrag teilhaben. Bei den Getreidearten sind dies vor allem die obersten Blätter und deren Blattflächenindex zur Blütezeit (Abb. 33).

4.2.2. *Nettoassimilationsrate (NAR)*

Unter dem Begriff „*Net Assimilation Rate*" (GREGORY 1917) wird die Trockengewichtszunahme eines Pflanzenbestandes je Blattflächen- und Zeiteinheit berechnet, wobei verschiedene Formeln in Gebrauch sind:

$$\mathrm{NAR} = \frac{(\mathrm{TM_2} - \mathrm{TM_1})}{(\mathrm{t_2} - \mathrm{t_1})} \cdot \frac{1}{\mathrm{BFI}} \qquad (\text{GREGORY})$$

Hier wird eine konstante Blattfläche vorausgesetzt, wie sie nur selten zutrifft. In der Regel wächst auch die Blattfläche im betrachteten Zeitintervall. Diesen Umstand berücksichtigt die folgende Formel:

$$\mathrm{NAR} = \frac{(\mathrm{TM_2} - \mathrm{TM_1})\,(\ln \mathrm{BF_2} - \ln \mathrm{BF_1})}{(\mathrm{t_2} - \mathrm{t_1})\,(\mathrm{BF_2} - \mathrm{BF_1})} \qquad (\text{WATSON})$$

$\mathrm{TM_{1,2}}$ = Gesamttrockenmasse
$\mathrm{BF_{1,2}}$ = Gesamtblattfläche
$\mathrm{t_{1,2}}$ = Tagesdatum
} von zwei aufeinanderfolgenden Probenahmen (meist wöchentlich)

Praktisch gleichwertig ist die „*Assimilationsleistung*" (AL) nach WALTER:

$$\mathrm{AL} = \frac{\text{Trockenmassezunahme}}{\text{mittlere Blattfläche} \times \text{Tage}}$$

$$\mathrm{AL} = \frac{2(\mathrm{TM_2} - \mathrm{TM_1})}{(\mathrm{BF_2} + \mathrm{BF_1}) \cdot \mathrm{d}}$$

Der Begriff „*Nettoassimilationsrate*" hat als Maß für die Trockengewichtszunahme nichts mit der oft auch als „*Nettoassimilation*" bezeichneten Nettophotosynthese zu tun. Zur Vermeidung von Irrtümern sollte daher besser von „*Produktivitätsrate pro Blattfläche*" gesprochen werden.

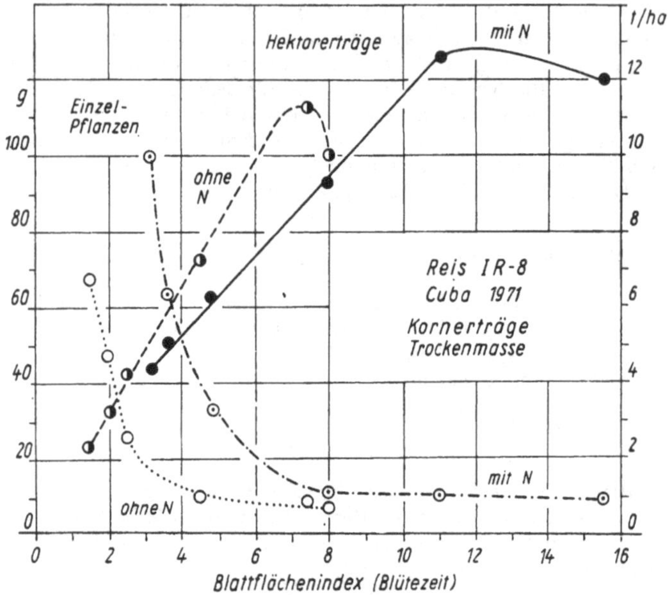

Abb. 33. Beziehungen zwischen Blattflächenindex (Blütezeit) und Kornertrag von Einzelpflanzen und Pflanzenbeständen, mit und ohne N-Düngung, in einer tropischen Reiskultur (Sorte IR-8). – Nach Daten von LERCH & al., 1972

4.2.3. *Relative Wachstumsrate* (*RWR*)

Die *Relative Wachstumsrate* (*Relative Growth Rate* – RGR) (WATSON) drückt die exponentielle Trockensubstanzzunahme in einem gewählten Zeitintervall aus:

$$\mathrm{RWR} = \frac{\ln \mathrm{TM}_2 - \ln \mathrm{TM}_1}{\mathrm{t}_2 - \mathrm{t}_1}$$

Zur Analyse des vegetativen Wachstums läßt sich mit den genannten Kriterien im allgemeinen gut arbeiten, ebenso, wenn der Ertrag sich auf vegetativ gebildete Pflanzenmasse beschränkt (z. B. Futterpflanzen). Korrekturen sind geboten, wenn sich — wie bei den Gräsern — die grünen Stengel und Blattscheiden wesentlich an der photosynthetischen Produktion beteiligen. Fraglich, und in jedem Falle durch Korrelations- und Regressionsanalyse nachzuprüfen, sind direkte Beziehungen zwischen diesen — aus Blattflächenentwicklung und Trockenmasseproduktion berechneten — Koeffizienten und dem Ertrag aus den Fruktifikationsorganen, weil deren Zustandekommen nur zum Teil vom Geschehen des vegetativen Wachstums und der Photosynthese abhängt.

4.3. Produktionsbilanzen

4.3.1. Bilanzgrößen

Nach der eingangs festgelegten Definition (S. 17) ergibt sich die Nettoproduktion als Reingewinn an Trockenmassezuwachs aus der Bruttoproduktion unter Abzug aller Verluste durch Atmung und abgestorbene oder sonstwie vernichtete Pflanzenteile. Gesamtatmung und Substanzverluste lassen sich noch weiter untergliedern:

$$NP = BP - [R_B + R_S + R_W + R_F] - [V_B + V_S + V_W + V_F + V_K]$$

NP	BP	$[R_B + R_S + R_W + R_F]$	$[V_B + V_S + V_W + V_F + V_K]$
Nettoproduktion	Bruttoproduktion	Atmung (Respiration)	Verluste an abgestorbenen oder abgefressenen Pflanzenteilen
	Primärproduktion		

Atmung:

R_B — Blätter
R_S — Sproßachsen (Stämme, Äste, Zweige)
R_W — Wurzeln
R_F — Früchte, Samen, Blüten

Substanzverluste:

V_B — Laubfall
V_S — abgestoßene Sproßachsen (Äste, Zweige)
V_W — abgestorbene Wurzeln
V_F — abgeworfene Früchte, Samen, Blüten
V_K — Verluste durch Konsumenten (Tierfraß)

Die Produktivität eines Bestandes wird durch Umrechnung der Produktionswerte auf die Bodenflächen- und Zeiteinheit ermittelt, wobei für letztere in der Regel die Dauer eines Jahres oder der jeweiligen Vegetationsperiode zugrunde gelegt wird. Daraus wird dann meist eine durchschnittliche Produktivitätsrate pro Tag errechnet.

Die Bestimmung der einzelnen Daten ist oft schwierig; mitunter müssen Meßwerte durch geschätzte Größen ersetzt werden. Für praktische Zwecke können vielfach auch einzelne Parameter wegen ihrer Geringfügigkeit vernachlässigt werden (z. B. Blüten und Samen bei Gehölzen).

4.3.2. *Jahresbilanzen*

Bei einjährigen Kräutern und bei Standorten mit sehr kurzer Vegetationsdauer kann die Produktivitätsrate sowohl für das gesamte Jahr wie auch nach der wesentlich kürzeren Vegetationsperiode berechnet werden; dadurch entstehen je nach der Bezugsgröße unterschiedliche Durchschnittswerte für die Tagesproduktivität (Tab. 11). Bei ausdauernden Gewächsen ist eine ganzjährige Analyse erforderlich, weil von dem in der produktionsgünstigen Witterungsperiode erzielten Stoffgewinn die während der ungünstigen Jahreszeit anfallenden Substanzverluste abgezogen werden müssen. Abbildung 34 zeigt den aus Gaswechselmessungen bilanzierten Jahresgang des CO_2-Umsatzes von Nadelbaumjungpflanzen.

4.3.3. *Langfristige Produktivitätsbilanzen*

Aus den Jahresproduktionsbilanzen lassen sich bei ausdauernden Pflanzengemeinschaften, z. B. Wäldern, Produktivitätsermittlungen über viele Jahre anstellen, die auch eine Einschätzung über den Zeitpunkt einer optimalen Ertragsleistung gestatten. Solche Gesichtspunkte sind vor allem bei Nutzholzpflanzungen von wirtschaftlicher Bedeutung.

Die Produktivität eines Waldbestandes nimmt nur in dessen Jugendphase zu. Sobald die Bäume ausgewachsen sind, bleibt

Tabelle 11

Nettoproduktivitätsrate einiger arktischer und alpiner Pflanzengemeinschaften (nach verschiedenen Autoren, aus BLISS 1962)

Vegetationstyp	Vegetations-periode	Gesamte Trocken-masse	Mittlere Tagesproduktivität, bezogen auf	
			Vegetat. Periode	ganzes Jahr
	Tage	g/m²	g/m² · d	g/m² · d
Arktis:				
Kriechweiden-gesellschaften	60	3,0	0,05	0,01
Grasland	111	240,0	2,16	0,66
Hochmoore	60	142,6	2,37	0,39
Seggenwiesen	60	73,4	1,22	0,20
Hochgebirge:				
Polsterpflanzen (Kammlage)	60	27,6	0,46	0,08
Geum-Carex-Gesellschaften				
– Südhang	60	112,0	1,87	0,31
– Nordhang	60	44,8	0,75	0,12
Carex-bigelowii-Wiesen	64	208,1	3,24	0,57

ihre Gesamtblattfläche und damit das photosynthetische Bruttoproduktionspotential annähernd gleich, aber die Atmung des Bestandes wächst mit der zunehmenden Holzmasse stetig an, so daß die jährliche Nettoproduktion nur anfangs bis zu einem gewissen Alter ansteigt, später aber immer stärker wieder abnimmt (Abb. 35).

Für dänische Buchenwälder wurde aus vieljährigen Messungen die in Abbildung 36 dargestellte Gesamtbilanz ermittelt. Weit mehr als die Hälfte der Bruttostoffproduktion eines solchen Laubwaldes sind als Verluste für die Forstwirtschaft zu buchen. Der günstigste Nutzholzgewinn entsteht bei 30–40 Jahren, d. h. einem Alter, in dem die Bäume auch üblicherweise geschlagen werden.

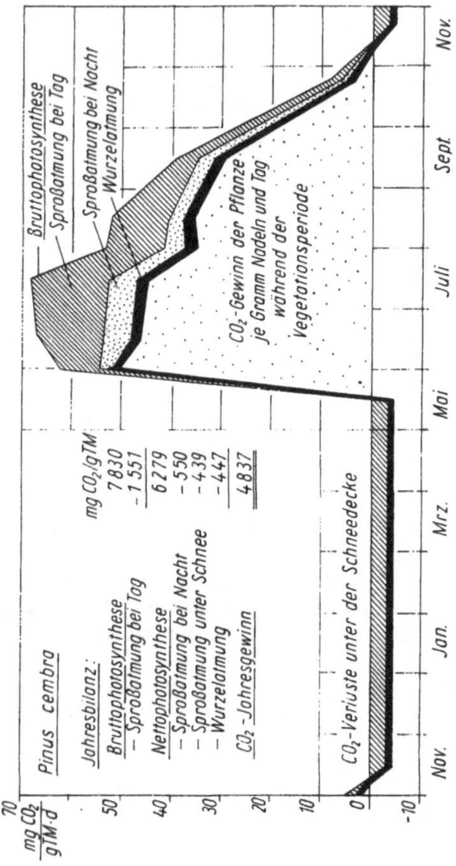

Abb. 34. Jahresgang der CO_2-Bilanz von Jungzirben an der alpinen Waldgrenze. — Nach TRANQUILLINI (1959)

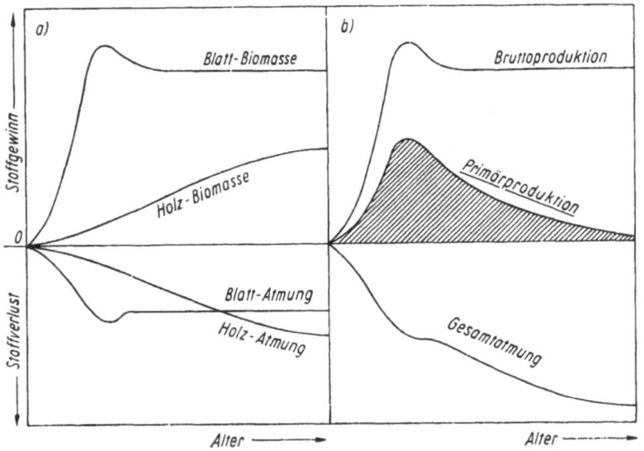

Abb. 35. Schema der altersabhängigen Entwicklung in dichten Gehölzbeständen. – a) Einzelkomponenten der Biomasseproduktion und Atmung; b) Gesamtbilanz. – Nach KIRA & SHIDEI, aus DUVIGNEAUD (1971), verändert

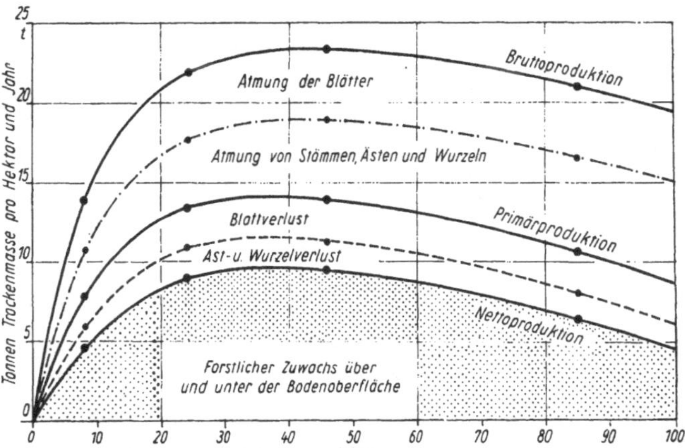

Abb. 36. Stoffproduktionsentwicklung eines dänischen Buchenwaldes. – Nach MÖLLER, MÜLLER & NIELSEN (1954), verändert

4.4. Produktivität und Stoffproduktionsdauer

Die Jahresleistung der pflanzlichen Primärproduktion (Produktivität) wird bestimmt durch

– das Leistungsvermögen der Einzelpflanzen, ausdrückbar durch die mittlere Produktivitätsrate pro Blattfläche („Nettoassimilationsrate" – NAR),

Tabelle 12

Produktivität und Dauer der Stoffproduktionsperiode bei einigen Vegetationstypen (nach LARCHER, verändert)

Produktivität	Immergrüne Pflanzen	Saisongrüne Pflanzen
Höchste ↑	Ganzjährige Stoffproduktion, volle Nutzung günstiger Temperatur-, Wasser- und Lichtverhältnisse. – Tropische und subtropische Regenwälder	
		Volle Nutzung der Belaubungszeit, bei günstigen Temperatur-, Wasser- und Lichtbedingungen: a) Laubfall durch Trockenheit – Regengrüne Wälder der Tropen und Subtropen. b) Laubfall durch Kälte – Sommergrüne Wälder des gemäßigten Klimas
Produktivität	Längere Unterbrechung der Stoffproduktion durch ungünstige Witterungsbedingungen: a) sommerliche Trockenheit – Mediterrane Hartlaubgewächse. b) Lange Winterkälte – Boreale Nadelwälder.	
		Zusätzliche Einschränkung durch ungünstige Bedingungen: a) Wassermangel – Steppen, Savannen. b) Lichtmangel – Unterwuchs in Wäldern.
↓ Niedrigste	Nur sehr kurzzeitige Periode mit produktionsgünstigen Bedingungen: – arktische Tundra (60–90 günstige Tage) – Hochgebirge (60–90 günstige Tage) – Wüsten u. Halbwüsten (bis 120 günstige Tage) – Thallophyten (Moose, Flechten, Luftalgen), die nur bei gelegentlicher Befeuchtung ihre Stoffproduktion aufnehmen.	(spans both columns)

— die Bestandesdichte, ausdrückbar durch den mittleren Blattflächenindex (BFI), und
— die Dauer der Stoffproduktionstätigkeit (t):

$$\text{Produktivität} = \text{NAR} \times \text{BFI} \times \text{t}$$

Entscheidend für das Gesamtjahresprodukt ist dabei die Stetigkeit und Dauer der Photosynthese-Aktivität. Hohes Photosynthesevermögen, wenn nur kurzzeitig wirksam, kann nicht oder nur selten den Erfolg einer langzeitigen, mittelmäßigen Produktionstätigkeit erreichen. Die höchsten Produktivitätswerte im Pflanzenreich werden bei den tropischen Regenwäldern erreicht, wo eine durchaus bescheidene Nettoassimilationsrate pro Blattflächeneinheit im Verlauf eines ganzjährigen, ohne Unterbrechung fortgesetzten Produktionsprozesses die hohe Gesamtleistung herbeiführt.

Für die Landpflanzen läßt sich die Abnahme der Produktivität als Folge verkürzter Produktionsdauer und zusätzlich dabei auftretender Behinderungen in der auf Tabelle 12 dargestellten Grobeinteilung wiedergeben.

5. Stoffproduktionsökologie ausgewählter Vegetationstypen

5.1. *Arktische Tundra*

5.1.1. *Klima und Boden*

Mit einer Gesamtausdehnung von etwa 8 Mill. km² erstreckt sich das Tundrengebiet über die arktische Zone Eurasiens und Amerikas, folgt jedoch mit seiner südlichen Grenze nur teilweise dem Polarkreis, sondern bleibt in Sibirien weiter nördlich, dringt dagegen in Labrador beträchtlich weiter nach Süden vor. Bei dieser weiten Verbreitung ist das Klima nicht einheitlich, zeigt alle Übergänge von stark ozeanischem Einschlag (NW-Europa) mit mäßig kalten Wintern und kühlen Sommern, bis zu streng kontinentaler Ausprägung (NO-Sibirien) mit äußerst kalten Wintern, jedoch relativ warmen Sommertemperaturen. Unter kontinentalen Bedingungen liegt auch die Jahresmitteltemperatur niedrig und führt zu Dauerfrostböden (*Permafrost*). Gleichzeitig tritt im Sommer hier eine ausgeprägte Dürreperiode ein (Abb. 37c).

Von Süden nach Norden nehmen die Durchschnittstemperaturen ab, indem zwar die Tage im Sommer immer länger werden, aber die Sonne um die Mittagszeit immer tiefer steht und daher trotz langer Einstrahlung nur wenig eine horizontale Bodenfläche erwärmt. Unter solchen Bedingungen erhalten jedoch steile Südhänge eine weit größere Strahlungsdichte und erwärmen sich vier- bis fünfmal stärker als ebene Flächen. An solchen Stellen siedeln sich bevorzugt Pflanzen an und bilden dort wahre „Blumengärten". Überhaupt sind die meteorologischen Temperaturangaben für das Kleinmosaik der Pflanzendecke in der Tundra wenig aussagekräftig, weil die Luft in unmittelbarer Bodennähe sich unter der Sonneneinstrahlung weit stärker erwärmt, als in der 2 m hoch gelegenen Wetterhütte gemessen wird. Die Hauptmasse der Pflanzenteile drängt sich hier meist unmittelbar über oder unter der Bodenoberfläche zusammen.

Trotz geringer Jahresniederschläge (meist weniger als 250 mm) bleiben die Tundraböden überwiegend durchnäßt, weil die Dauerfrostschicht in dem nur an der Oberfläche auftauenden Boden ein Versickern unterbindet und in der kalten Luft die Evaporation sehr schwach bleibt; von den Niederschlägen verdunsten nicht mehr als 30%. Wo im Sommer der Boden etwas tiefer auftaut, oder, wie in den ozeanisch beeinflußten Gebieten, nicht ständig gefroren bleibt, können Zwergsträucher und schließlich niedrige Bäume Fuß fassen, die als „Waldtundra" den Übergang zur borealen Nadelwaldzone bilden.

Der für das Pflanzenleben verfügbare Lebensraum wird außerdem durch die Schneedecke begrenzt, die vom Wind sehr unterschiedlich verlagert wird, indem der Schnee von den Kuppen weggeblasen und in den Senken zu großen Massen zusammengeweht wird. Vom Windgebläse, das oft mit Sturmesstärke (15—30 m/s und darüber) arbeitet, sind auch die meisten Erhebungen im Gelände als Folge von Schnee- oder Sandschliff kahl und glattgefegt (vgl. Teil I, S. 193).

5.1.2. *Photosynthese und Stoffproduktion*

Das Bestehen der Tundrapflanzen hängt davon ab, wie sie eine äußerst kurze produktionsgünstige Vegetationsperiode (meist weniger als 3 Monate) mit kühlen

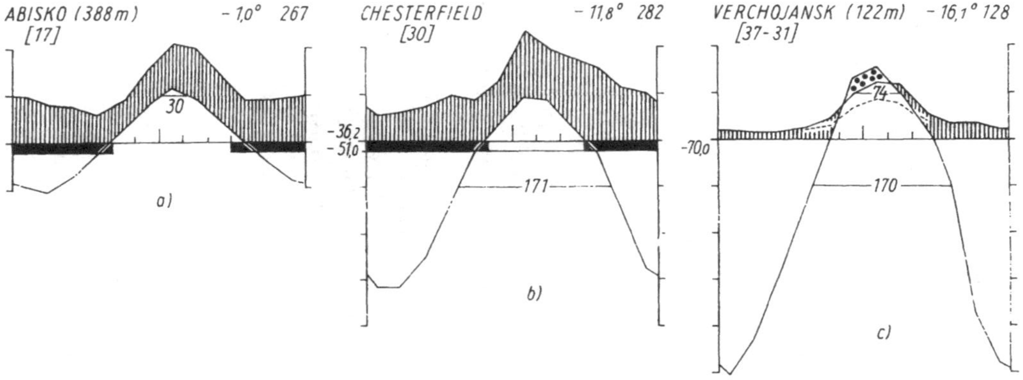

Abb. 37. Klimadiagramme dreier Tundra-Standorte. Die Zahlen in der Mitte geben die Häufigkeit von Tagen mit Mitteltemperaturen über +10°C und unter −10°C an. — Nach WALTER & LIETH (1960)

Temperaturen zu ausreichender Stoffproduktion nutzen können. Hierbei kommt ihnen zugute, daß im Polarsommer die Sonne nicht untergeht, die Pflanzen somit 24 Stunden lang photosynthetisch tätig sein können. Nach übereinstimmenden Untersuchungen mehrerer Autoren (Lit. bei WALTER 1968) bleiben die Stomata Tag und Nacht geöffnet, wobei ihre Öffnungsweite der Beleuchtungstärke folgt, die z. B. im Juli in Grönland selbst um Mitternacht noch mit 450 Lx über dem Kompensationspunkt der dortigen Pflanzenarten liegt. Die Anpassungsfähigkeit der arktischen Gewächse geht dabei so weit, daß sie tagsüber bei höheren Temperaturen wie Sonnenpflanzen auch stärkeres Sonnenlicht ausnützen können, nachts dagegen bei tieferen Temperaturen sich wie Schattenpflanzen verhalten und sich auch das schwache Mittsommernachtslicht für ihre Photosynthese zunutze machen. Insgesamt erreicht die Nettophotosynthese Werte bis zu 12 mg $CO_2/dm^2 \cdot$ Std. Bei 24-stündiger Photosynthese werden damit an einem Tag etwa 100 mg CO_2 je dm^2 Blattfläche assimiliert, d. h. rund 60 mg Stärke produziert. Da bei den kühlen Temperaturen die Substanzverluste durch Atmung gering sind, können die arktischen Pflanzen mit diesem relativ hohen Stoffgewinn in kurzer Zeit ausreichende Reserven anlegen, um die nachfolgende ungünstige Witterungsperiode zu überdauern.

Trotz dieser beachtlichen Stoffproduktionsleistung je Blattflächeneinheit bleibt die Gesamtproduktivität der Tundragesellschaften niedrig. Da die oberirdischen Teile nur unter einer schützenden Schneedecke (meist 10 bis 50 cm) den strengen Winter überstehen können, halten sich ausschließlich Zwergsträucher und solche Wuchsformen, deren Überdauerungsorgane unter der Erde liegen (Abb. 38). Weite Flächen sind zudem von Flechten und Moosen bedeckt. Die Gesamtblattfläche als Photosyntheseapparat bleibt daher klein, und der Hauptanteil der gebildeten Assimilate wird zum Ausbau der unterirdischen Organe verwendet (Abb. 39). Außerdem gehen von der gesamten Jahresproduktion rund 95% als abgestorbene Pflanzenteile verloren, so daß als echter Massezuwachs nur etwa 5% der jährlichen Gesamtstoffproduktion verbleiben.

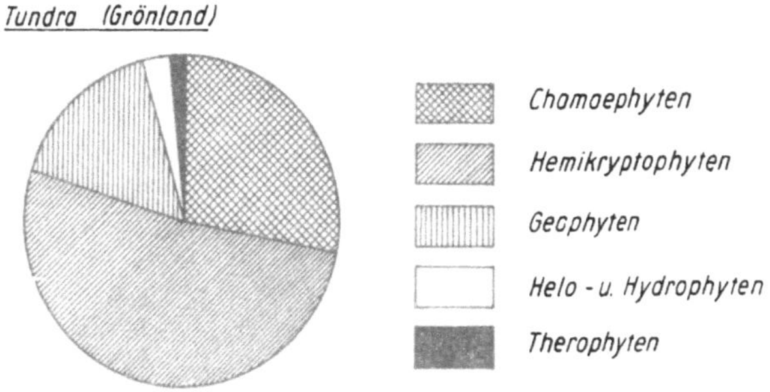

Abb. 38. Wuchsformenverteilung (nach RAUNKIAER) in der grönländischen Tundra

Erst wenn bei günstigeren Temperaturen der Boden tiefer auftaut, bessern sich die Verhältnisse. In der Zwergstrauchtundra ist der jährliche Zuwachs etwa doppelt, in der Waldtundra mehr als sechsmal so groß als in der echten Tundra. (Abb. 39).

5.1.3. *Andere ökologische Besonderheiten*

Kälte und kurze Vegetationsdauer lassen den Pflanzen der arktischen Tundra nur wenig Zeit, bis zur Frucht- und Samenbildung zu gelangen. Die Blütenknospen werden daher meist schon im Vorjahr angelegt, überwintern im voll entwickelten Zustand unter der Schneedecke und öffnen sich dann sofort nach dem Ausapern. Wie stark Wachstum und Blütenbildung von der Temperatur abhängen, zeigt Abbildung 40: Blühhäufigkeit und Länge der Jahrestriebe bei finnischen Kiefern nehmen linear mit der Sommertemperatur des vorhergehenden Jahres zu.

Wegen der allgemein niedrigen Stoffproduktionsrate bleiben Blüten und Früchte klein. Auch die Samen sind meist staubfein

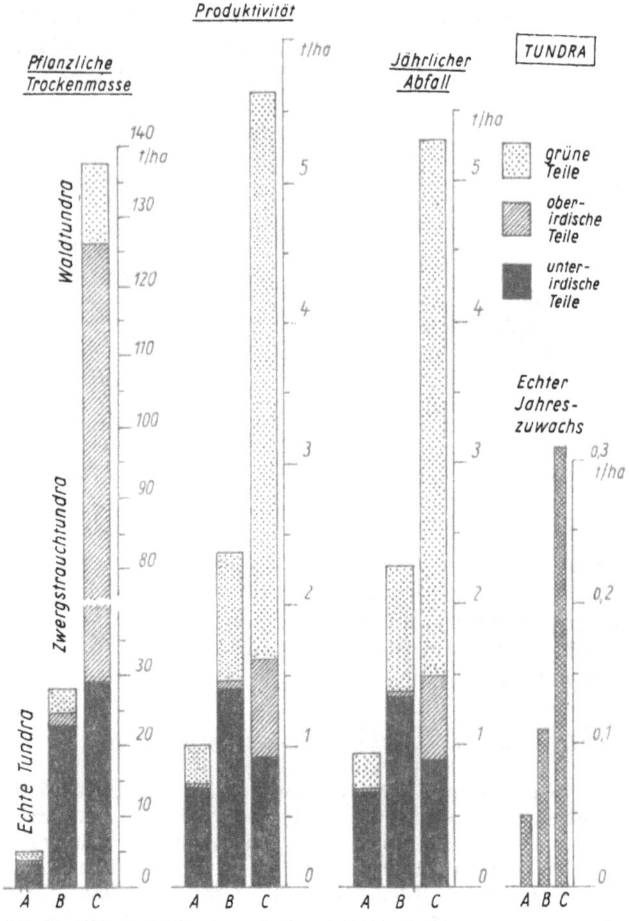

Abb. 39: Stoffproduktionstypen in der arktischen Tundra.
A – Echte Tundra; B – Zwergstrauchtundra; C – Waldtundra.
– Nach Tabellenangaben von Walter (1968)

(weniger als 1 mg) und werden überwiegend vom Wind verbreitet, oft entlang der Schneeoberfläche verweht; nur ein kleiner Teil wird von Wasser und von Tieren transportiert.

Beerenfrüchte beschränken sich praktisch auf die Waldtundra. Die Samen keimen gut, aber erst nachdem sie die Frosttemperaturen des Winters überdauert haben (*Frostkeimer*).

Bereits niedrige Geländeerhebungen (Bodenwellen, Frostbuckel u. a.) lassen die Wirkung der Exposition deutlich werden. Auf der südlichen Seite ist die Trockenmasse der Pflanzenteile wesentlich höher als auf der Nordseite, bedingt durch die günstigeren Wärme- und Lichtverhältnisse für die Stoffproduktion. Auch die Zusammensetzung der Pflanzendecke paßt sich diesem unterschiedlichen Mikroklima an: Auf der Südseite der Bodenerhebungen siedeln sich bevorzugt die Ericaceen-Zwerg-

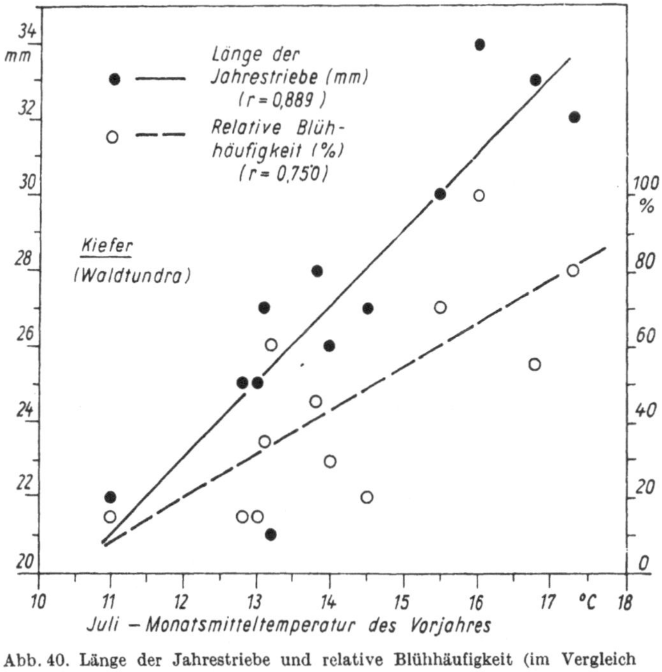

Abb. 40. Länge der Jahrestriebe und relative Blühhäufigkeit (im Vergleich zum Jahr 1938 = 100%) der Kiefer, in Abhängigkeit von der Julitemperatur des Vorjahres, in der finnischen Waldtundra (Inari, 68° 57′ n. Br.) – Regression berechnet nach Abbildungsangaben von WALTER (1968)

sträucher an, während auf der Nordseite Kriechweiden mit Moosen und Flechten dominieren.

Der niedrige Wuchs der Tundragewächse läßt nicht das oft hohe Alter vermuten, das sie erreichen können: Zwergsträucher nicht selten mehr als 100 Jahre, die Polarweide bis zu 200 Jahren.

Während die Wasserversorgung in der Tundra kein Problem darstellt, sind die arktischen Mineralböden meist arm an Stickstoff, da bei den tiefen Temperaturen kaum eine Nitrifikation stattfindet. Dagegen ist die symbiontische Stickstoffbindung weit verbreitet, vor allem durch Knöllchenbakterien, die nicht nur bei den zahlreichen Leguminosenarten, sondern auch bei anderen Pflanzen (*Dryas*-Arten) vorkommen und ihre Knöllchen dicht unter der wärmenden Bodenoberfläche anlegen. Freie N-Bindung durch Blaualgen (*Nostoc*) spielt eine Rolle bei der Pionierbesiedlung nackter Böden. Zusätzliche Stickstoffversorgung erfolgt durch tierische Exkremente, vor allem durch Nagetiere, Wasser- und Sumpfvögel, sowie Rentiere.

5.2. Borealer Nadelwald — Taiga

5.2.1. Klima, Boden und vorherrschende Gehölze

Mit einer Fläche von etwa 12 Mill. km^2 schließt sich die boreale Zone als geschlossenes Waldgebiet südlich an die arktische Tundrenregion Eurasiens und Nordamerikas an und läßt sich klimatisch etwa durch eine Dauer von 30 bis 120 Tagen mit Mitteltemperaturen über 10 °C sowie eine kalte Jahreszeit von 6 bis 8 Monaten kennzeichnen (Abb. 41). Bei dieser riesigen zirkumpolaren Längenausdehnung ist das Klima, ebenso wie in der Tundrazone, nicht einheitlich, sondern reicht vom kaltozeanischen Gebiet in Skandinavien, mit seinen relativ geringen Temperaturgegensätzen, bis zu extrem kontinentalen Bedingungen in Nordostsibiren, wo die Spanne zwischen den höchsten Sommer- (30 °C) und den tiefsten Wintertemperaturen (−70 °C) bis zu 100 °C betragen kann.

Solch extremen Temperaturverhältnissen halten großblättrige Laubbäume nicht stand. Deshalb herrschen fast ausschließlich Nadelhölzer vor, allenfalls durchsetzt mit kleinblättrigen Birken oder Espen, wie z. B. in Skandinavien und auf Kamtschatka. Im europäischen Raum dominiert die Fichte (*Picea*

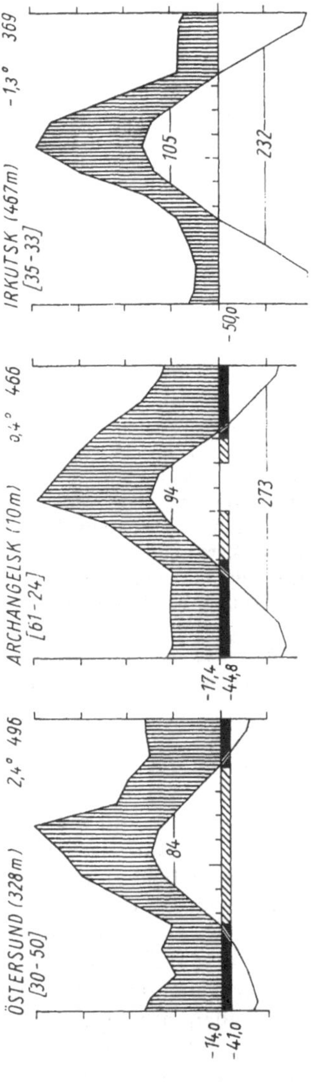

Abb. 41. Klimadiagramme dreier Standorte aus der borealen Nadelwaldzone. — Nach WALTER & LIETH (1960)

abies), in Sibirien kommen Tannen- und Zirbenwälder hinzu (*Picea obovata, Abies sibirca, Pinus cembra, ssp. sibirica*), die im extrem kontinentalen Bereich durch Lärchenwälder abgelöst werden (*Larix sibirica, L. dahurica*). Allein die sibirischen Lärchenbestände nehmen eine Fläche von etwa 2,5 Mill. km² ein. Auf trockeneren Standorten, oder nach größeren Flächenbränden, gelangen Kiefernwälder (*Pinus sylvestris*) zur Vorherrschaft. Ein größerer Artenreichtum herrscht im amerikanischen und ostasiatischen Raum.

Bei dem das ganze Jahr über anhaltenden feucht-kühlen Klima (Abb. 41) wird die ohnedies schwer zersetzbare Nadelstreu sehr langsam abgebaut und häuft sich als saurer Rohhumus auf dem Boden an, durchsetzt von Bodentieren und Mikroorganismen. Bei gehemmter Bakterientätigkeit und starker Pilzaktivität bilden sich keine Huminsäuren, sondern überwiegend die leicht löslichen Fulvosäuren, die mit den Niederschlägen den Boden durchtränken und seine Ansäuerung verstärken. Unter solchen Bedingungen bilden sich aus jedem Muttergestein basenarme Podsolböden verschiedener Ausprägung (Teil I, S. 160). Da die vollständige Mineralisierung der Nadelstreu in derartigen Böden mitunter mehr als 100 Jahre dauert, häufen sich die Streumengen — mit sämtlichen Zersetzungsprodukten — an. Bei alten Beständen kann die gebildete Streumenge ein Vielfaches der Gehölzmasse betragen (Abb. 43b). Die Streu wird jedoch ständig durch die Tätigkeit der Bodenorganismen abgebaut, bis sich meist ein Gleichgewicht zwischen Streuzersetzung und -neuablagerung einstellt, das etwa einem Umsatz von 50 t/ha entspricht.

5.2.2. *Photosynthese und Stoffproduktion*

Nadelbäume, mit Ausnahme der Lärchen, haben gegenüber den Laubhölzern den Vorteil, daß ihre Blattfläche das ganze Jahr über weitgehend gleich bleibt und nicht in jedem Frühjahr gänzlich neu aufgebaut werden muß. Damit wird zu Beginn der Vegetationsperiode ein besserer Start für die bei Tauwetter einsetzende Photosynthese-Tätigkeit ermöglicht. In der Regel befinden sich an den Trieben wenigstens zwei Nadeljahrgänge, wobei das Photosynthesevermögen der jüngeren Nadeln merklich höher ist als bei den zwei- und mehrjährigen. Die Photosynthese der Nadelblätter wird durch Frost unterbrochen, so daß die aktive Stoffproduktion sich auf die frostfreien Tage und Monate beschränkt und im natürlichen Verbreitungsgebiet der borealen Fichten- und Kiefernwälder etwa ein halbes Jahr dauert. Nach der Winterruhe kommt die Photosynthese-Aktivität nur langsam in Gang, braucht mitunter mehrere Tage bis zur vollen Leistungsfähigkeit. Diese Verzögerung ist um so länger, je tiefer vorher die Frosttemperatur lag und je abgehärteter die Bäume gegen die Wintertemperaturen sind. Während der winterlichen Ruhepause ist nicht nur der gesamte Stoffumsatz stark herabgesetzt, sondern es bleiben auch die Spaltöffnungen geschlossen, so daß kaum Wasserverluste auftreten.

Da bei den Holzgewächsen das Masseverhältnis zwischen chlorophyllführenden und nicht photosynthetisch tätigen Pflanzenteilen mit fortschreitendem Wachstum immer ungünstiger wird (vgl. S. 93), hängt die Produktivität der Waldbestände entscheidend von deren Alter ab. Bei den Nadelbäumen machen sich diese Unterschiede sehr stark bemerkbar. In den ersten Jahrzehnten nimmt die Trockenmasse der Baumschicht stark zu. Im voll ausgereiften Wald wird jedoch die durch die Photosynthese produzierte Substanz restlos für die Atmung verbraucht. In der Regel nimmt die pflanzliche Biomasse der borealen Nadelwälder nach Erreichen eines Alters von 100 Jahren nicht mehr zu, sondern geht sogar durch den Verlust abgestoßener Teile wieder leicht zurück (Abb. 43a).

Der Unterwuchs entwickelt sich im Nadelwald nur dürftig. Da die dunklen, immergrünen Kronen nur spärliches Licht bis zum Waldboden durchlassen (Abb. 15), steht dort nur wenig Sonnenergie für die Photosynthese zur Verfügung, und die Trockenmasse des Unterwuchses bleibt stets nur ein Bruchteil der Baumschicht (Abb. 43a).

Die *Nettoproduktion* (als echter Jahreszuwachs) wird ebenfalls durch die altersabhängige Produktivität bestimmt, von der die Substanzverluste durch Streubildung

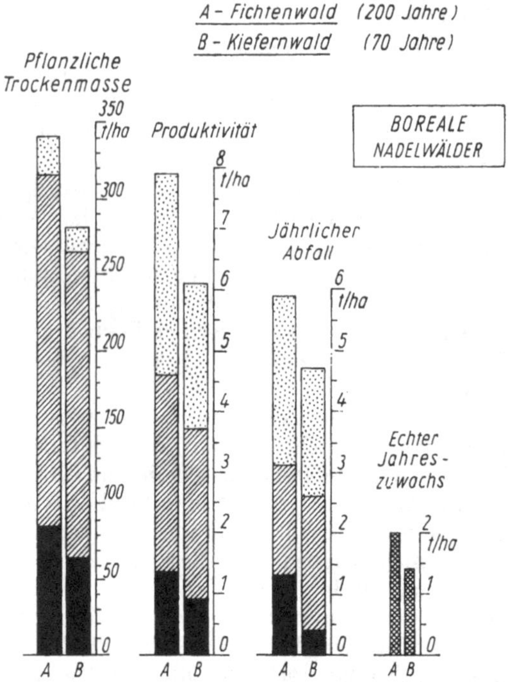

Abb. 42. Biomasse und Stoffproduktion der zwei häufigsten Typen borealer Nadelwälder. A – moosreicher Fichtenwald (200 Jahre), B – heidelbeerreicher Kiefernwald (70 Jahre). – Nach Tabellenangaben von RODIN aus WALTER (1968)

abzuziehen sind. Während der Phase des intensiven Wachstums überwiegt der jährliche Gesamtzuwachs so stark die Streuverluste, daß eine beträchtliche Nettoproduktion zustandekommt. Diese fällt jedoch sehr rasch wieder ab, sobald die jährlich gebildete Gesamttrockenmasse auf Grund der immer stärkeren Atmung des Holzkörpers zurückgeht. Die borealen Fichtenwälder erreichen ihre höchste Nettoproduktion im Alter von 40—50 Jahren, Kiefernwälder bei 30—40 Jahren (Abb. 44).

Angaben über die Zusammensetzung von Biomasse, Gesamt- und Nettozuwachs (Abb. 42) sind daher stets altersabhängig und gelten nur für die jeweilige Entwicklungsstufe. Als durchschnittlicher Orientierungswert darf

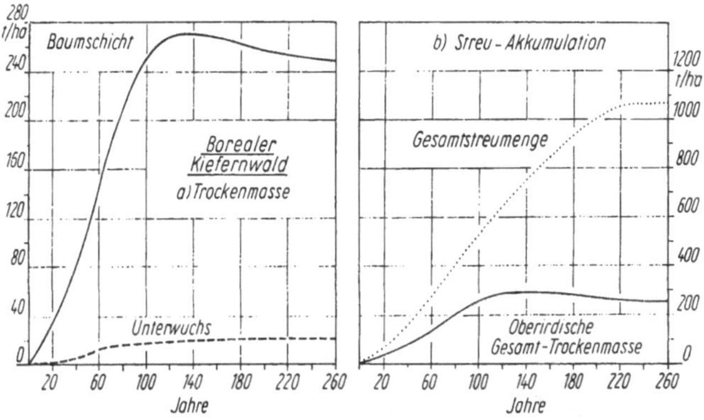

Abb. 43 Entwicklung der pflanzlichen Biomasse in einem borealen heidelbeerreichen Kiefernwald. — a) Trockenmasse von Baumschicht und Unterwuchs; b) Streuanhäufung im Vergleich zur oberirdischen Gesamtmasse. — Nach Tabellenangaben von MOLTSCHANOW aus WALTER (1968)

für die borealen Nadelwälder eine mittlere Jahresproduktion an Biomasse von 5—6 t/ha angenommen werden, davon etwa 3 t/ha für Holzzuwachs.

Bei guter Wasserversorgung hat die Fichte eine stärkere Produktionskraft als die Kiefer. Auf trockenen Standorten ist dagegen die flachwurzelnde Fichte gegenüber der Kiefer im Nachteil, die durch ihre Pfahlwurzel Wasser auch aus größerer Tiefe erschließen kann.

5.2.3. Andere ökologische Besonderheiten

Der dichte, immergrüne Nadelblattbesatz der borealen Wälder, mit einem Blattflächenindex von 9 bei Kiefern und mehr als 11 bei Fichten, läßt nicht nur sehr wenig Licht bis zum Wald-

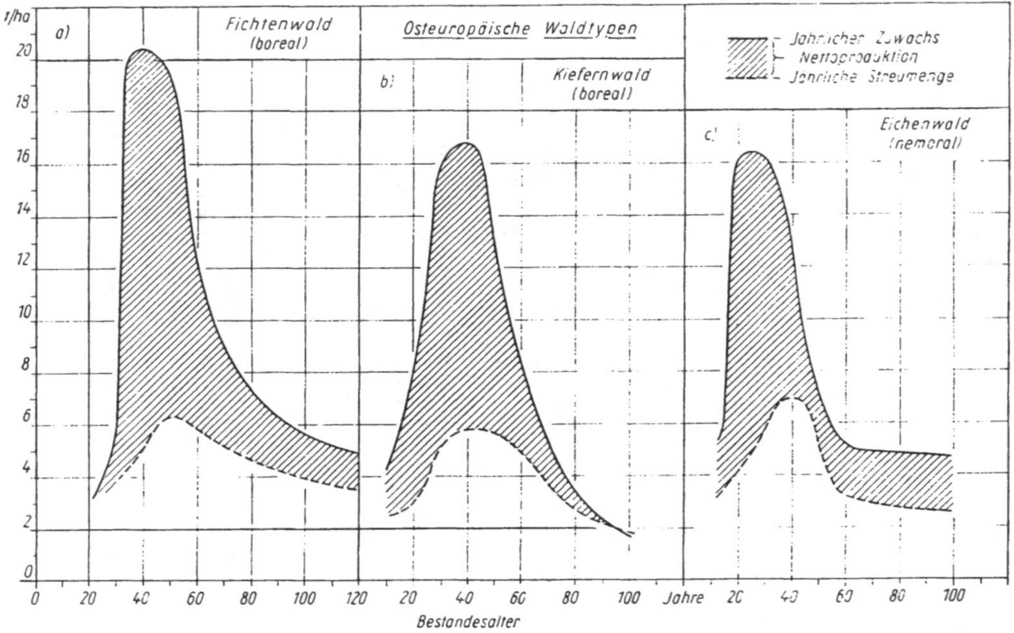

Abb. 44. Primärproduktion (jährlicher Zuwachs), jährlicher Abfall (Streumenge) und Nettoproduktion osteuropäischer Waldtypen verschiedenen Alters. – Nach RODIN, aus WALTER (1968), verändert

boden vordringen, sondern beeinflußt auch nachhaltig dessen Temperaturverhältnisse. Die Bodentemperaturen unter einem Fichtenwald sind in der Regel 2 bis 5 Grad niedriger als im sonnenbestrahlten Freiland. Im dichten Wald bleibt auch die Schneedecke dünn, der Frost dringt tiefer in den Boden ein und verschwindet erst 1 bis 2 Monate später als unter lichten Beständen. Streuschichten mildern die Temperaturgegensätze.

Dichte Nadelstreu läßt auch mehr Niederschlagswasser abfließen (15—26%) als lockere Laubstreu (2—4%). Die Gesamtwasserabgabe der Fichtenwälder liegt in der nördlichen Taiga bei 250 mm und erhöht sich auf etwa 450 mm in der südlichen Taiga (WALTER 1968).

Der in den tieferen Lagen äußerst nährstoffarme Podsolboden — bei hohem Grundwasserstand mit Gleybildungen (Teil I, S. 168) — drängt das Wurzelsystem der Waldbäume in seiner Hauptmasse auf die obersten 20 cm des Bodens zusammen, wo sich auch die Wurzeln der Krautschicht befinden. Die Wurzelkonkurrenz wird damit zu einem entscheidenden Faktor für die Entwicklung und Stoffproduktion von Unterwuchs und Krautschicht, die oft unterdrückt werden, wenn die übermächtigen Baumwurzeln die Nährstoffe entziehen, vor allem den Stickstoff. Der oftmals kümmerliche Wuchs von Krautschicht und Unterwuchs ist nicht nur die Folge von Lichtmangel, sondern in erster Linie Ergebnis unzureichender Stickstoffversorgung. Dadurch bleibt auch ihre Blattfläche klein und die Nettophotosynthese niedrig. Wird durch künstlichen Eingriff die Konkurrenz der Baumwurzeln ausgeschaltet, so stellt sich in jedem Fall eine weitaus reichere und üppiger wachsende Krautschicht ein, mit größeren Blättern und höherem Chlorophyllgehalt, und damit auch gesteigertem Photosynthesevermögen. Moose und Flechten sind von dieser Baumwurzelkonkurrenz nicht betroffen und können sich daher in dichten Polstern ungehindert ausbreiten, weil sie ihren Wasser- und Nährstoffbedarf überwiegend aus dem Niederschlagswasser decken, das von den Kronen herabträufelt oder an den Stämmen abfließt. Dagegen wird der eigene Jungwuchs der Nadelbäume durch deren Wurzelkonkurrenz erheblich eingeschränkt. Junge Fichtensämlinge wachsen im Bestand nur sehr langsam und können nur in Bestandeslücken hochkommen.

Nachhaltig wirken sich größere *Waldbrände* aus, wie sie unter natürlichen Verhältnissen häufig durch Blitzschlag entstehen können. In den borealen Gebieten Osteuropas wurden von 1923 bis 1928 mehr als 70000 Waldbrände registriert, darunter 67000 Streubrände, von denen mehr als 40000 km^2 erfaßt wurden. Allein im Jahre 1938 wurde in derselben Region eine noch größere Fläche an Nadelwald durch Streubrand heimgesucht. Streubrände bringen die flachwurzelnden Fichten zum Absterben, nicht aber die tieferwurzelnden Kiefern. Auf den Kahlflächen breiten sich zunächst die rascherwüchsigen kleinblättrigen Birken und Espen aus, die dann nach etwa 20 Jahren durch Kiefernwälder verdrängt werden, die sich bis zu 500 Jahren halten können. Unter den Kiefern wächst dann langsam ein Fichtenbestand wieder hoch und dominiert schließlich am Ende, sofern nicht vorher ein neuer Streubrand eingreift. Dadurch bleibt die Kiefer nicht nur auf die trockenen Standorte beschränkt, sondern erscheint an vielen Stellen mit ausgedehnten Beständen auch im eigentlichen Fichtengebiet.

5.3. *Sommergrüne Laubwälder*

5.3.1. *Klima, Boden und vorherrschende Baumarten*

Das in seiner Gesamtheit etwa 7 Mill. km^2 umfassende Gebiet der sommergrünen Laubwälder schließt sich nicht als zusammenhängender Gürtel südlich an die boreale Nadelwaldzone an, sondern erscheint in mehrere Teile getrennt. Die hier vorherrschenden Gehölze brauchen ein gemäßigtes, feucht-mildes Klima, ohne Extreme, d. h. ausreichend Regen (meist 600 bis 1000 mm im Jahr), 4 bis 6 Monate mit warmen Temperaturen und nicht mehr als 3 bis 4 winterkalte Monate (Abb. 45). Zu große Trockenheit und Nässe sind ungeeignet, ebenso übermäßig heiße oder kalte Witterung. Ansprechende Bedingungen finden sich im Osten Nordamerikas und Asiens, sowie in Mitteleuropa und den angrenzenden Gebieten Westeuropas.

Die Bodenverhältnisse sind sehr unterschiedlich. Die besten Bedingungen bieten tiefgründige, milde Braunerden (Teil I, S. 159), mit Rotbuchenwäldern als natürlicher Vegetation. In Mitteleuropa werden solche Böden jedoch heute vorwiegend für landwirtschaftliche Zwecke genutzt, und die Laubwälder sind meist auf Böden mit weniger günstigen Eigenschaften verdrängt, wo je nach Feuchtigkeit und Bodensäuregrad die Rotbuche von Eiche, Hainbuche, Esche und anderen Laubholzarten abgelöst wird, z. T. vermischt mit Nadelgehölzen (vgl. Teil I, S. 152).

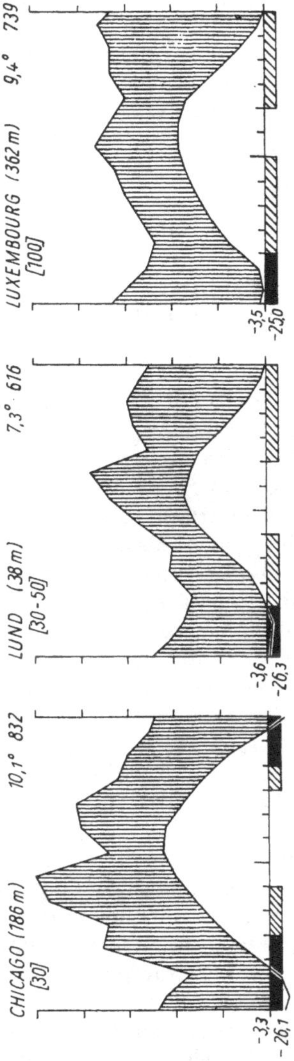

Abb. 45. Klimadiagramme dreier Standorte aus Gebieten mit sommergrünen Laubwäldern des nördlichen gemäßigten Klimas. — Nach WALTER & LIETH (1960)

Die insgesamt günstigen, aber außerordentlich verschiedenartigen, oft auf kurze Entfernung wechselnden Boden- und Mikroklimaverhältnisse bedingen die große Mannigfaltigkeit in der Ausprägung differenzierter Laubwaldtypen, die zu den kompliziertesten Pflanzengemeinschaften gehören. In diesem Rahmen können nur einige grundsätzliche gemeinsame Aspekte der Stoffproduktion behandelt werden.

5.3.2. Laubfall als klimatische Anpassung

Die Stoffproduktion in den sommergrünen Laubwäldern wird entscheidend durch den obligaten herbstlichen Laubfall und seine ökophysiologischen Konsequenzen bestimmt.

Der Laubfall stellt eine Anpassung an die Winterkälte dar. Die günstigen Temperatur- und Feuchtigkeitsbedingungen während der Sommermonate gestatten die Bildung großer, dünner Blätter, die eine ausgedehnte Auffangfläche für die Sonnenstrahlung darstellen und damit eine wirkungsvolle Photosynthese ermöglichen. Gleichzeitig werden keine übergroßen Materialinvestitionen für den Aufbau eines Verdunstungsschutzes benötigt. Zwar zeigen die Sonnenblätter stärker xeromorphe Baumerkmale (dickere Kutikula, kleinere Zellen, höhere Spaltöffnungsdichte, engere Blattaderung, u. a. m. — vgl. Teil I, S. 108) als die Schattenblätter, doch bleibt der relative Materialverbrauch hierfür weit hinter dem Aufwand zurück, wie er bei den ausgeprägten Xerophyten der Trockengebiete zu finden ist. Aber so wirksam auch immer anatomische oder physiologische Schutzvorkehrungen gegen übermäßigen Wasserverlust sein mögen, sie schützen nicht gegen Frostwirkung, insbesondere nicht gegen Frosttrocknis. Da die Photosynthesetätigkeit bereits bei schwachem Frost zum Erliegen kommt, brächten die großflächigen Laubblätter während der Wintermonate nicht nur keinen Stoffgewinn, sondern würden mit ihrer Atmung die Substanzverluste noch erheblich steigern, ebenso den Wasserverlust, da die Transpiration zwar herabgesetzt, aber wegen des zu schwachen Verdunstungsschutzes nicht völlig unterbunden werden kann. Selbst die nackten Zweige der Laubbäume verlieren im Winter mehr Wasser durch Transpiration als die voll benadelten Triebe der Koniferen (Teil I, S. 34). Der Laubabwurf reduziert diese Verluste und stellt somit einen Zwangskompromiß dar: Zwar muß mit jedem Herbst ein erheblicher Materialverlust hingenommen werden, und im Frühjahr muß der gesamte Stoffproduktionsapparat wieder neu aufgebaut werden, aber diese Nachteile werden überkompensiert durch die weitaus größere Assimilationsfläche, die während der produktionsgünstigen Sommermonate für die Photosynthese zur Verfügung steht. Während dieser Periode wird wesentlich mehr Trockensubstanz produziert als von den zwar ausdauernden, jedoch schmalen Nadelblättern mit ihrer kleinen Oberfläche, wo außerdem ein großer Anteil der Blattmasse von Festigungs- und Schutzgeweben eingenommen wird.

Da zu Beginn jeder Vegetationsperiode für den Aufbau des Laubwerks als Stoffproduktionsapparat eine unumgängliche Anlaufzeit von mehreren Wochen bis zur vollen Leistungsfähigkeit nötig ist, müssen wenigstens 4 bis 6 Monate mit produktionsgünstigen Witterungsbedingungen zur Verfügung stehen, damit die laubwerfenden Gehölze ausreichend Substanz produzieren können, um über die erheblichen Streuverluste hinaus einen bleibenden Jahreszuwachs an Holzmasse zu erreichen.

Kommen im Jahr weniger als 120 Tage mit Mitteltemperaturen über 10 °C vor, so bleibt das Klima für sommergrüne Laubwälder im allgemeinen zu kühl, weil die kurze produktionsgünstige Witterungsperiode nicht ausreicht, einen genügenden Stoffgewinn zu erzielen. Nimmt dagegen weiter südlich die Sonneneinstrahlung, und damit die Erwärmung, gleichzeitig aber auch die Trockenheit zu, so werden die zartblättrigen, laubwerfenden Gehölze immer mehr durch immergrüne Hartlaubgewächse des Mediterrangebietes abgelöst.

5.3.3. *Lichtverhältnisse*

Im Gegensatz zu den immergrünen Nadelwäldern, die, sofern einmal ausgewachsen, in ihrem Inneren ein weitgehend gleichbleibendes Lichtklima wahren, führt der Laubfall zu einem starken, jahreszeitlich bedingten Wechsel der Lichtverhältnisse im Waldesinnern, dem die Zusammensetzung und gesamte Lebensrhythmik der Vegetation angepaßt ist, bis zu den physiologischen Eigenschaften der Einzelblätter.

Sieht man von den je nach Tages- und Jahreszeit durch Sonnenstand und wechselnde Bewölkung bedingten Einstrahlungsveränderungen ab (S. 20f.), so hängt die Beleuchtungsstärke in einem gegebenen Laubwaldtyp im wesentlichen von der integrierten Wirkung dreier Hauptfaktoren ab: Höhenlage im Bestand, jahreszeitliche Belaubungsdichte und Bestandesalter. Zusätzlich gewinnen noch die Wasser- und Nährstoffverhältnisse im Boden, sowie die Zusammensetzung des Bestandes aus Arten mit unterschiedlichen Wuchsformen und Lichtansprüchen an Einfluß.

Die Hauptmenge der Sonnenstrahlung wird vom Kronendach abgefangen, dessen Sonnenblätter jedoch in der Regel nicht senkrecht, sondern schräg zur Einstrahlungsrichtung stehen, so daß das Licht tief in das Kroneninnere eindringen kann, wo es von den frontal gestellten Schattenblättern genutzt wird. Bis zur Strauch- und Krautschicht gelangt nur die von den Kronen selbst und zwischen ihnen durchgelassene Strahlung. Dieser Anteil ist bei jungen, meist dichtbelaubten Beständen sehr gering, nimmt aber allmählich mit dem Bestandesalter zu, da die Kronen dann lichter werden (Abb. 46a). In jungen Dickichten bleibt daher der relative Lichtgenuß am Waldboden meist unterhalb von 1%, so daß hier zunächst jede Bodenvegetation fehlt und eine nennenswerte Krautschicht sich erst mit zunehmendem Alter des Bestandes herausbildet (Abb. 46b).

Die mit den Bodeneigenschaften, Wasser- und Nährstoffverhältnissen wechselnde Artenzusammensetzung in der Kraut- und Strauchschicht (Teil I, S. 153) wirkt sich ebenfalls auf das Lichtklima in Waldbodennähe aus. Abbildung 48 zeigt solche Unterschiede am Beispiel von fünf Typen osteuropäischer Eichenmischwälder.

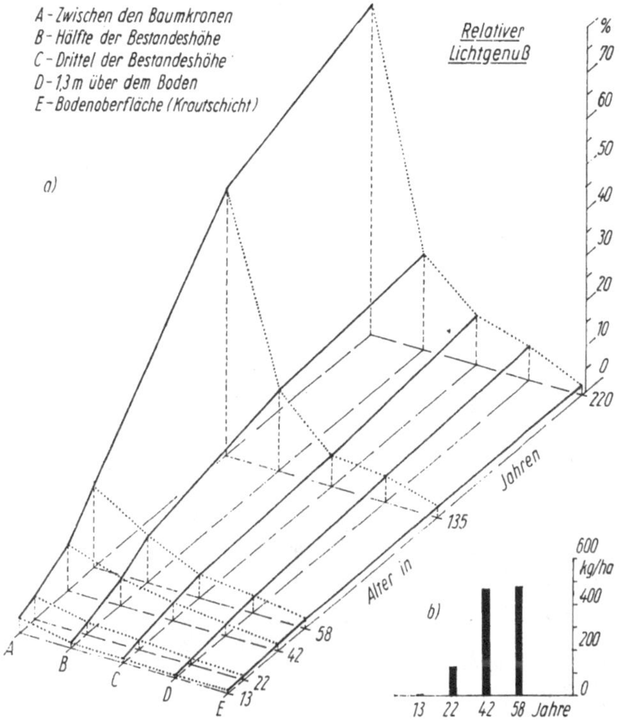

Abb. 46. a) Relativer Lichtgenuß in osteuropäischen Eichenwäldern verschiedenen Alters; b) Trockenmasse der entsprechenden Krautschicht. — Nach Tabellenangaben von WALTER (1968)

Die jahreszeitlich stärkste Bestrahlung erfährt der Waldboden im Frühling, kurz vor der Belaubung der Baumschicht. Die damit verbundene Erwärmung (25—30°C) der Bodenoberfläche unter der trockenen Laubstreu verursacht das Austreiben der *Frühjahrsgeophyten* (Teil I, S. 19), die mit ihren unterirdisch in Rhizomen, Knollen oder Zwiebeln gespeicherten Reserven und den oft bereits im Vorjahr angelegten Blütenknospen ohne Zeitverzug mit Wachstum und Stoffproduktion beginnen können und innerhalb weniger Wochen ihren gesamten

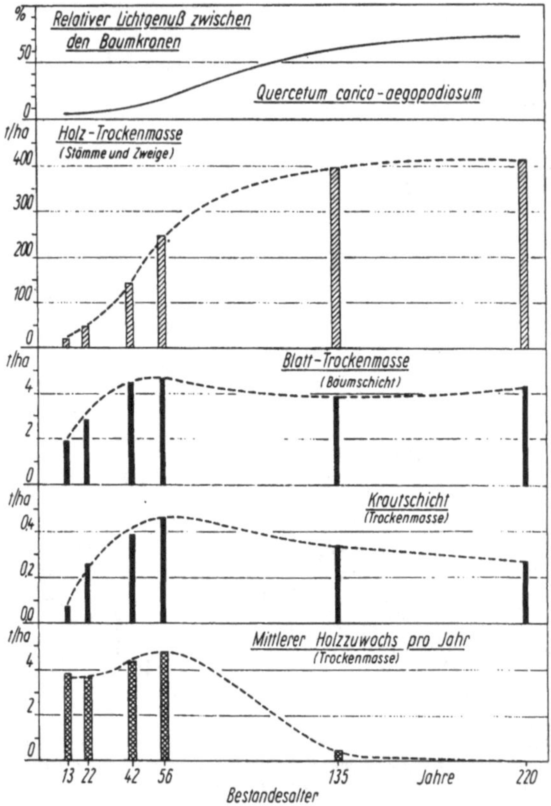

Abb. 47. Relativer Lichtgenuß und Produktivität in osteuropäischen Eichenmischwäldern (Gebiet Woronesh) verschiedenen Alters. – In Anlehnung an DYLIS, nach Tabellenangaben von WALTER (1968)

Vegetationszyklus, bis zur Blüte, Frucht- und Samenbildung abschließen, so daß ihre Blätter schon wieder vergilben, wenn die Bäume um Mitte Mai ihre volle Belaubung erreicht haben.

Während der vollen Belaubung der Baumschicht dringt meist so wenig Licht bis zum Waldboden vor, daß die

Blätter der Krautschicht unter Lichthunger leiden und erst nach dem herbstlichen Laubfall wieder zu ausreichendem Lichtgenuß kommen.

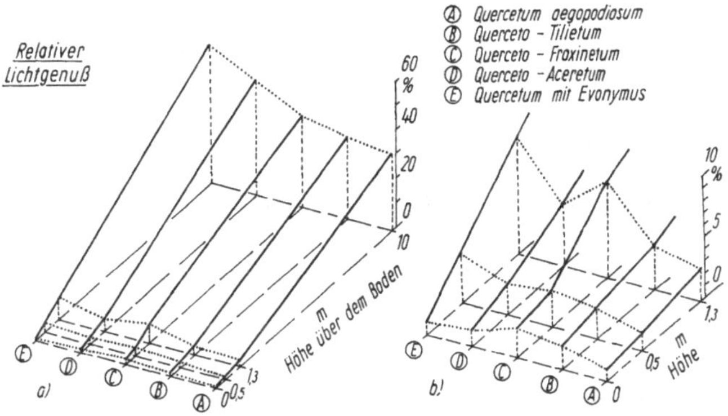

Abb. 48. Relativer Lichtgenuß im Inneren verschiedener Eichenwaldtypen. — a) bis 10 m Höhe über dem Boden; b) Teilansicht für die bodennahe Schicht, mit überhöhter Ordinatenskala. — Nach Tabellenangaben von WALTER (1968)

5.3.4. *Photosynthese und Stoffproduktion*

Bei den wechselnden Lichtverhältnissen in einem Laubwald variieren naturgemäß ebenso stark die Werte für die Nettophotosynthese der Blätter, zumal hier nicht allein die Beleuchtungsstärke, sondern auch Temperatur und Blattalter eine Rolle spielen. Abbildung 10—12 zeigen die Wechselwirkung dieser Faktoren an der Rotbuche, die in den mitteleuropäischen Laubwaldgebieten die vorherrschende Baumart stellt.

Die starken Unterschiede in der Lichtstärke zwischen der Außenfläche der Baumkronen und ihrem Innenraum bedingen auch die besondere Anpassung der Sonnen- und Schattenblätter (vgl. Abschn. 2.1.2.) mit ihren unterschiedlichen Leistungen (Tab. 1). Da der weitaus größte

Teil der Blätter sich mehr oder weniger in Schattenlage befindet, hat ihre Leistung für die Gesamtstoffproduktion besonderes Gewicht. Da ihre Atmung bedeutend schwächer ist (20—35%) als die der Sonnenblätter, wird auch der Lichtkompensationspunkt bei viel niedrigerer Beleuchtungsstärke erreicht, die etwa ein Drittel der für die Sonnenblätter vergleichbaren Werte darstellt. Selbst diese Schwelle ist nicht konstant, sondern mit zunehmender Belaubungsdichte senkt sich die Lage des Kompensationspunktes bis zum Hochsommer sowohl in Sonnen- wie auch in Schattenblättern bis auf etwa ein Drittel des Frühjahrswertes. Damit können auch bei dem nun dichteren Kronenschluß die Schattenblätter im Kroneninneren nach wie vor das abgeschwächte Licht noch zu positiver Stoffbilanz nützen.

Die Stoffproduktion der Laubwälder ist wegen deren vielfältigen Zusammensetzung außerordentlich schwierig zu bestimmen, und ihr Studium erfordert umfangreichen Arbeitsaufwand. Auch variieren die Ergebnisse naturgemäß mit den Standortsbedingungen. Als ausgewählte Beispiele zeigen die Abbildungen 4 und 49 detaillierte Produktionsbilanzen für einen westeuropäischen Eichenmischwald (*Quercetum mixtum mercurialoprimulosum veris*) im Alter von 90 Jahren. Abbildung 47 vergleicht die Stoffproduktionsverhältnisse in verschiedenaltrigen osteuropäischen Eichenwäldern. Tabelle 13 bringt eine Auswahl von Stoffproduktionsdaten verschiedener Laubwaldtypen aus Europa und Ostasien.

Die optimale forstwirtschaftliche Nutzung wird auch bei den Laubwäldern wegen des großen alljährlichen Streuanfalls und zunehmenden Substanzverlustes durch die Atmung der wachsenden Holzkörper vom Bestandesalter begrenzt. So erreichen z. B. dänische Buchenwälder ihren größten Holzzuwachs im Alter von 30 bis 40 Jahren (Abb. 36). Ähnlich liegen die Verhältnisse bei osteuropäischen Eichenwäldern (Abb. 44c), wo mit 50 Jahren die Nettoproduktion nicht mehr größer ist als die jährliche anfallende Streumenge.

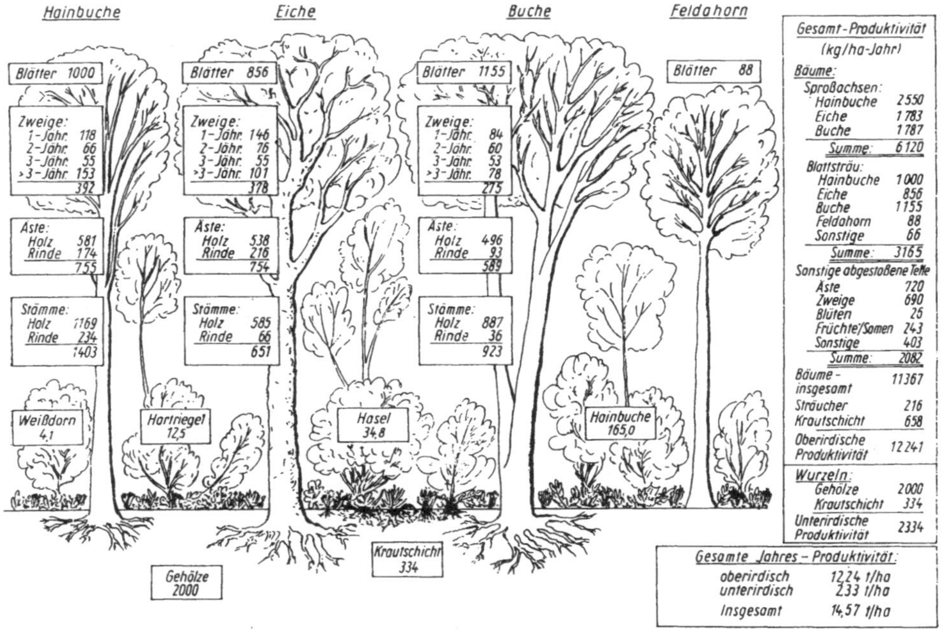

Abb. 49. Jährliche Primärproduktion eines 90 jährigen Eichenmischwaldes (Virelles – Belgien), nach DUVIGNEAUD & DENAEYER – DE SMET (1970)

Tabelle 13

Produktivität einiger Laubwaldtypen in Europa und Ostasien (nach mehreren und Jahr

Westeuropäische Buchenwälder
Kontinental-montaner Buchenwald (nördl. Ostalb)
Hainsimsen-Buchenwald auf Schlufflehm
mittel- und tiefgründiger Kalklehm-Buchenwald
Eichenreicher, kolliner Laubwald (Neckarland)
mittel- und tiefgründiger Kalklehm-Buchenwald
Buchen-Eichenwald auf Feinlehm
Frischer Buchen-Ahornwald auf Feinlehm
Dänischer Buchenwald, 25 Jahre
Dänischer Buchenwald, 46 Jahre
Dänischer Buchenwald, 85 Jahre
Westdeutscher Buchenwald, I. Bonität
Westdeutscher Buchenwald, III. Bonität
Belgischer Buchenwald aus den Ardennen
Westeuropäische Eichenwälder
Eichen-Birkenwald, 135 Jahre, Voneche, Belgien
Eichen-Birkenwald, 23 Jahre, Orchimont, Belgien
Eichenwald, 90 Jahre, Villers, Belgien
Eichenmischwald, 90 Jahre, Virelles, Belgien
Eichen-Haselwald, 120 Jahre, Wavreille, Belgien
Eichen-Haselwald, 120 Jahre, Ferage, Belgien
Eichen-Haselwald, Großbritannien
Eichen-Haselwald, 125 – 190 Jahre, Schweden
Sommergrüne Laubwälder in Osteuropa
Eichenwald, 48 Jahre, Woronesch, UdSSR
Eichenwald, 222 Jahre, Woronesch, UdSSR
Birkenwald, 25 Jahre, UdSSR
Lindenwald, 74 Jahre, UdSSR
Espenwald, 50 Jahre, UdSSR
Sommergrüne Laubwälder in Japan
Wälder mit Betula maximowicziana
Wälder mit Betula maximowicziana
Wälder mit Fagus crenata
Wälder mit Populus davidiana

Autoren, aus DUVIGNEAUD & al. 1971) – Trockenmasse in Tonnen pro Hektar

Oberirdische Biomasse t/ha	Oberirdische Produktivität			Unterirdische Produktivität		Gesamt-Produktivität
	Holzzuwachs	Streu	Gesamt	Wurzelzuwachs	Tote Wurzeln	
–	3,6	3,2	6,8	0,8	–	7,6
–	4,1	3,8	7,9	0,9	–	8,8
–	4,0	3,7	7,7	0,9	–	8,6
–	3,8	3,7	7,5	0,8	–	8,3
–	5,0	4,5	9,5	1,0	–	10,5
–	8,0	3,7	11,7	1,6	0,2	13,5
–	8,0	3,7	11,7	1,6	0,2	13,5
–	6,2	3,7	9,9	1,2	0,2	11,3
–	6,1	4,0	10,1	1,7	–	11,8
–	3,5	2,5	6,0	1,4	–	7,4
–	4,5	5,2	9,7	0,9	–	10,6
204	3,1	7,2	10,3	1,6	–	11,9
80	5,1	4,7	9,8	2,2	–	12,0
154	5,1	6,6	11,7	2,4	–	14,1
120	6,3	6,0	12,3	2,3	–	14,6
332	6,9	7,5	14,4	1,4	–	15,8
261	7,9	6,8	14,7	2,3	–	17,0
118	4,4	6,4	10,8	1,9	–	12,7
201	11,2	1,8	13,0	2,0	–	15,0
191	3,5	4,8	8,3	1,6	0,8	10,7
407	2,5	5,7	8,2	0,3	0,4	8,9
169	5,5	6,4	11,9	1,9	0,8	14,6
170	1,8	5,2	7,0	0,9	0,6	8,5
258	10,6	11,8	22,4	2,1	1,5	26,0
–	3,8	1,8	5,6	0,5	–	6,1
–	4,7	2,6	7,3	0,3	–	7,6
–	4,3	3,0	7,3	–	–	7,3
–	6,5	2,2	8,7	3,6	–	12,3

5.3.5. *Andere ökologische Besonderheiten*

Die Konkurrenz zwischen den Baumarten wird — bei sonst günstiger Wasser- und Nährstoffversorgung — ausschlaggebend durch deren Schattenverträglichkeit, insbesondere beim Jungwuchs, bestimmt. *Schattenholzarten* (Tab. 14) bilden ein dicht geschlossenes Kronendach, das nur wenig Licht zum Waldboden vordringen läßt. *Lichtholzarten* besitzen dagegen ein Laubwerk mit größeren Lücken; auch ihr Unterwuchs braucht mehr Licht zum Gedeihen (Tab. 15) und muß daher unter den dichten Kronen von Schattenhölzern an Lichtmangel zugrundegehen. In gemischten Beständen setzen sich deshalb im Laufe der Zeit die langlebigen Schattenhölzer immer stärker gegenüber den lichtbedürftigeren Arten durch und beherrschen am Ende das Gesamtbild der Vegetation, so z. B. in Mitteleuropa die Rotbuche, im mehr kontinentalem Klima Osteuropas die Hainbuche.

Die Belaubungsdichte einer gegebenen Baumart wird maßgeblich von den Stoffproduktionsbedingungen beeinflußt. Im allgemeinen stellt sich ein für die jeweiligen Standortsbedingungen

Tabelle 14

Schattenfestigkeit wichtiger Holzarten in Mitteleuropa (nach Ellenberg 1963)

Schattenfeste Bäume	Halblichtbäume
Taxus baccata	*Acer campestre*
Abies alba	*Castanea sativa*
Fagus silvatica	*Alnus* spec.
	Quercus petraea
	Quercus robur
Halbschattenbäume	*Quercus pubescens*
Carpinus betulus	*Sorbus aucuparia*
Picea abies	
Acer pseudoplatanus	
Acer platanoides	**Lichtbedürftige Bäume**
Tilia spec.	*Populus alba*
Ulmus spec.	*Populus nigra*
Pinus cembra	*Populus tremula*
Fraxinus excelsior	*Pinus mugo*
	Pinus sylvestris
	Salix spec.
	Betula spec.
	Larix decidua

charakteristischer Blattflächenindex dadurch ein, daß die inneren Kronenblätter gerade noch so viel Licht erhalten, wie es für die Photosynthese mit einer positiven Stoffbilanz ausreicht. Sobald die Stoffbilanz negativ wird, vergilben die Blätter und fallen ab. Die höchste Stoffproduktion wird von allen Baumarten – auch den „Schattenhölzern“ – bei vollem Sonnenlicht erreicht, und die Nettophotosynthese der Baumkronen steigt linear mit der Beleuchtungsstärke an (S. 40). Stoffproduktion bei voller Tageslichtstärke fordert jedoch einen hohen Aufwand an Wasser- und Mineralstoffzufuhr. Tritt hier Mangel ein, also auf trockenen oder mageren Böden, so wird die Photosynthesetätigkeit gehemmt, insbesondere können dann die inneren Kronenblätter nicht mehr ausreichend Substanz produzieren, um ihre Atmungsverluste zu decken. Sie sterben ab, und die Baumkrone wird lichter. Bei Wasser- und Mineralstoffmangel steigt auch das Lichtminimum der Baumart an; es wird mehr Lichtenergie gebraucht, um den Kompensations-

Tabelle 15

Lichtgenußminimum von Jungpflanzen verschiedener Gehölze (nach mehreren Autoren, aus Lyr, Polster & Fiedler, 1967)

Pflanzenarten	Minimaler Lichtgenuß %
Lichthölzer	
Birke (*Betula pendula*)	12–15
Lärche (*Larix decidua*)	10–14
Kiefer (*Pinus sylvestris*)	7–12
Robinie (*Robinia pseudacacia*)	10–12
Halbschattenhölzer	
Erle (*Alnus glutinosa*)	7–9
Roteiche (*Quercus borealis*)	5
Stieleiche (*Quercus robur*)	2
Fichte (*Picea abies*)	3–4
Schattenhölzer	
Esche (*Fraxinus excelsior*)	2–3
Hainbuche (*Carpinus betulus*)	2
Rotbuche (*Fagus silvatica*)	1
Douglasie (*Pseudotsuga taxifolia*)	1
Linde (*Tilia parvifolia*)	1

punkt zu überwinden und zur gleichen Stoffproduktionsleistung zu gelangen, als auf guten Böden.

Zunehmende Beschattung fördert das Längenwachstum der Bäume und beeinflußt deren Kronenform. Freistehende Einzelbäume haben im allgemeinen eine gedrungenere Wuchsform, sie sind niedriger und haben einen größeren Stamm- und Kronendurchmesser als die Bäume im Bestand, die mit einem schlanken Stamm größere Höhe erreichen. Leichte Beschattung (möglichst nicht weniger als 20% relativer Lichtgenuß) befähigt daher die jungen Baumsämlinge, rasch über die beschattende Krautschicht empor zu wachsen und ihre Blätter unter günstigeren Lichtverhältnissen zu entfalten. Zu starke Beschattung (weniger als 10% des vollen Tageslichts) behindert jedoch zunehmend die Stoffproduktion und kann bis zu negativer Stoffbilanz führen. Dabei wird mit fortschreitender Beschattung der oberirdischen Teile die Entwicklung des Wurzelsystems stärker unterdrückt als die des Sproßsystems, was wiederum die Möglichkeiten der Wasser- und Mineralstoffaufnahme zusätzlich vermindert und dadurch die Wettbewerbsfähigkeit der entsprechenden Bäume noch stärker schädigt. Auch die Phosphataufnahme durch die Wurzeln wird, weil lichtabhängig, durch die Beschattung der oberirdischen Teile zunehmend gehemmt.

Wassermangel wirkt sich besonders nachteilig während der Sommermonate aus, weil dann die stärkste Stoffproduktionsrate im Jahr betroffen wird. Sommerliche Dürreperioden von wenigen Wochen können den jährlichen Höhen- und Dickenzuwachs der Bäume empfindlich hemmen, was sich in der Jahrringbreite deutlich bemerkbar macht.

Die normalen Niederschlagsmengen in den nemoralen Laubwaldgebieten reichen aus, um den Wasserumsatz der Waldgesellschaften, einschließlich ihres Unterwuchses, voll zu decken und geringe Mengen an Sickerwasser in den Boden eindringen zu lassen. Nur in Trockenzeiten und in den Grenzgebieten zur Waldsteppe, mit ihren abnehmenden Niederschlägen, verzehrt ein Wald die gesamte Niederschlagsmenge seines Ausdehnungsbereiches. Dann kann es auch zur Wurzelkonkurrenz zwischen Baum- und Krautschicht um das verfügbare Bodenwasser kommen, wobei in der Regel die Bäume wegen ihrer höheren Saugkräfte die Oberhand behalten. Je trockener ein Wald, um so geringer ist sein Unterwuchs ausgebildet, und die Krautschicht kann schließlich ganz fehlen.

Die Waldbodenpflanzen der Krautschicht müssen mit der

geringfügigen und zuweilen äußerst unregelmäßigen Lichtzufuhr auskommen, die sie erhalten. In Waldbodennähe sind die Temperaturverhältnisse jedoch weit ausgeglichener als im Kronenraum. Außerdem reichert sich als Folge der stark herabgesetzten Windgeschwindigkeit Wasserdampf über dem Boden an und erhöht hier die Luftfeuchtigkeit, oft bis zur vollen Sättigung. Die Krautschicht trägt daher stets die Merkmale hygrophytischer Schattenpflanzen.

Die meisten Pflanzen der Krautschicht überdauern die besonders lichtarme Zeit unter einer vollbelaubten Baumschicht im Hungerzustand, mit Substanzverlusten infolge der Atmung, und sie erhalten erst nach dem herbstlichen Laubfall wieder ausreichend Licht zu positiver Stoffbilanz. Diese Pflanzenarten entwickeln sich auch bei reichlicher Lichtzufuhr weitaus besser, und ihre Häufigkeit sowie Stoffproduktion nehmen gegen den Waldrand hin steil zu.

Einige wenige, besonders angepaßte Arten (z. B. Sauerklee, manche Farne) können auf starke Beschattung mit verringerter Atmungsintensität reagieren und auf diese Weise den Kompensationspunkt senken oder verhindern, daß dieser unterschritten wird.

Unter dem Gesichtspunkt der Waldnutzung verdient der Mineralstoffhaushalt besondere Beachtung. Ein natürlicher Wald ist ein vollständiges Ökosystem mit einem geschlossenen Mineralstoffkreislauf (Abb. 50). Tabelle 16 bringt eine vereinfachte Bilanz für einen Buchenwald. Von den über die Wurzeln aufgenommenen Mineralstoffen wird nur wenig (15–25%) im Holzkörper der Bäume gespeichert; der weitaus größte Teil gelangt in die Blätter und mit ihnen nach dem Laubfall als Streu zum Boden zurück, wo die organische Substanz mineralisiert wird und die Nährstoffe erneut den Pflanzenwurzeln zur Verfügung stehen. Maßvolle Holznutzung verursacht daher nur geringe Mineralstoffverluste, die durch Verwitterung aus dem Muttergestein oder durch die verschiedenen Arten der natürlichen Stickstoffbindung im Boden nachgeliefert werden können. Wird jedoch auch die Streu genutzt, so kann es zu schwerem Mineralstoffmangel kommen, insbesondere geht sehr viel Calzium verloren. Dadurch versauern die Böden, verarmen an Nährstoffen, und die photosynthetische Stoffproduktion geht zurück, trotz gleichbleibend ausreichenden Lichtangebots. Als Folge davon sinken auch die Holzerträge. Außerdem werden durch die Streunutzung auch die natürlichen Zersetzungsvorgänge und die

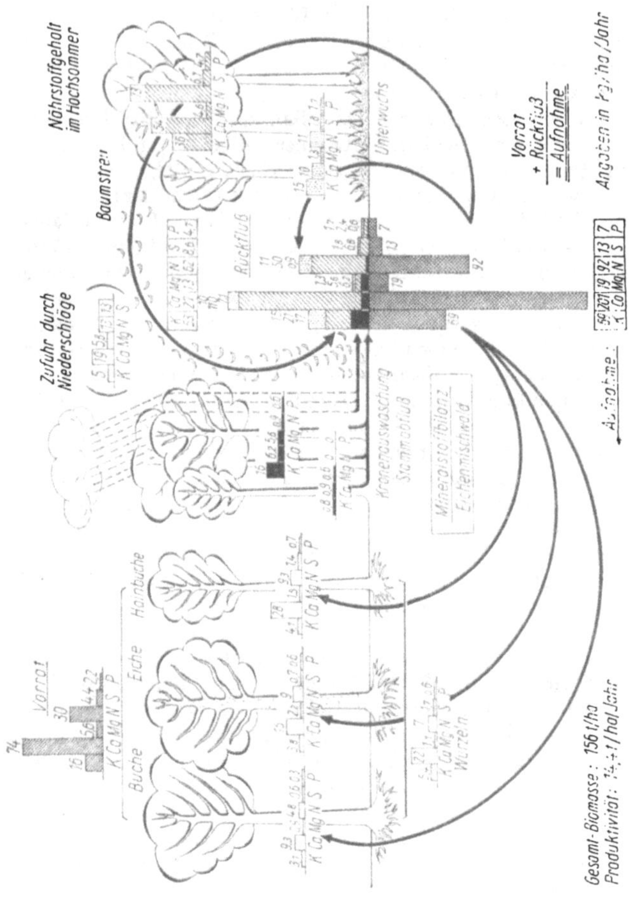
Vorrat
Buche
Eiche
Hainbuche
Wurzeln
Zufuhr durch Niederschläge
Baumstreu
Nährstoffgehalt im Hochsommer
Rückfluß
Unterwuchs
Kronenauswaschung
Stammabfluß
Mineralstoffbilanz
Eichenmischwald
Aufnahme
Vorrat
+ Rückfluß
= Aufnahme
Gesamt-Biomasse : 156 t/ha

Tabelle 16

Mineralstoffbilanz eines Buchenwaldes (nach DENGLER, aus WALTER 1968)

	Aufgenommen durch die Wurzel	Verlust durch die Streu	Gespeichert im Holzzuwachs
Ca	96	82	14
K	15	10	5
P	13	10	3
N	50	40	10

Humusbildung gestört, wodurch der für die Pflanzenernährung unerläßliche intensive Stickstoffumsatz im Boden beeinträchtigt wird.

5.4. *Immergrüne tropische Regenwälder*

5.4.1. *Klima- und Bodenverhältnisse*

Das Gebiet der immergrünen feuchten Tropenwälder erstreckt sich beiderseits des Äquators, mit etwa 20 Mill. km² Gesamtausdehnung, beschränkt sich jedoch nicht nur auf die engere äquatoriale Zone, sondern reicht bis zu den Wendekreisen, doch wird mit zunehmender Entfernung vom Äquator wegen der stärkeren Temperatur- und Wasserhaushaltsschwankungen das Erscheinungsbild mehr oder weniger abgewandelt.

In seiner typischen Prägung ist der tropische Regenwald an ein gleichmäßiges, stets frostfreies Wärmeklima und reichliche Wasserversorgung gebunden. In den Klimadiagrammen (Abb. 51a) drückt sich das durch kaum sichtbare Unterschiede in den Monatsmitteltemperaturen und hohe Niederschläge aus, die sich meist in der Größenordnung zwischen 2000 und 7000 mm halten, stellenweise aber Werte bis über 12000 mm erreichen, vor allem in Gebirgslagen. Die Niederschläge verteilen sich jedoch nicht immer gleichmäßig über das Jahr. Je nach Breiten-

←

Abb. 50. Mineralstoffkreislauf in einem 90jährigen Eichenmischwald (Virelles – Belgien). – Vorrat: Im jährlichen Biomassezuwachs gebundene Mineralstoffe. Rückfluß: Laubfall, Streu, Bodenflora. – Mineralstoffzufuhr aus Niederschlägen nicht bilanziert. Ziffern für Nährstoffangebot im Hochsommer sind höher als der Rückfluß durch die Streu. – Nach DUVIGNEAUD & DENAEYER – DE SMET (1970)

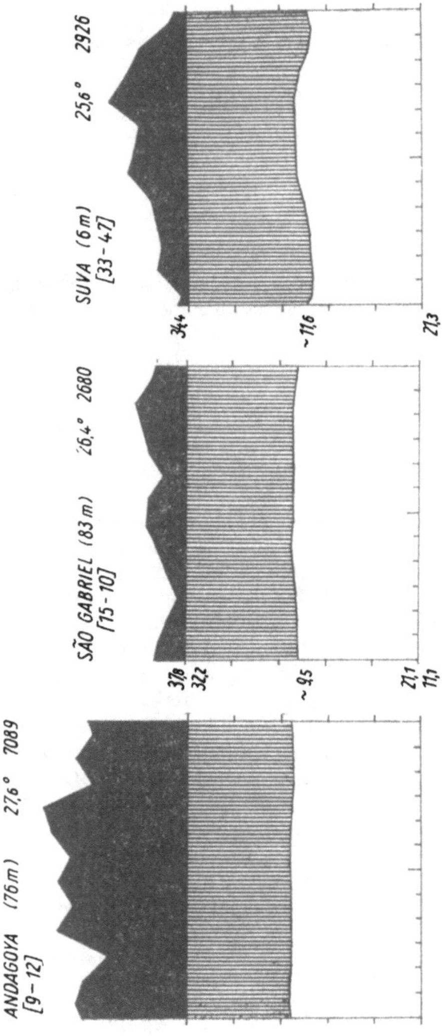
SUVA (6 m) 25,6° 2926
[33-47]
34,4
~11,6
21,3
SÃO GABRIEL (83 m) 26,4° 2680
[15-10]
37,8
32,2
~9,5
21,1
11,1
ANDAGOYA (76 m) 27,6° 7089
[9-12]

Abb. 51 a

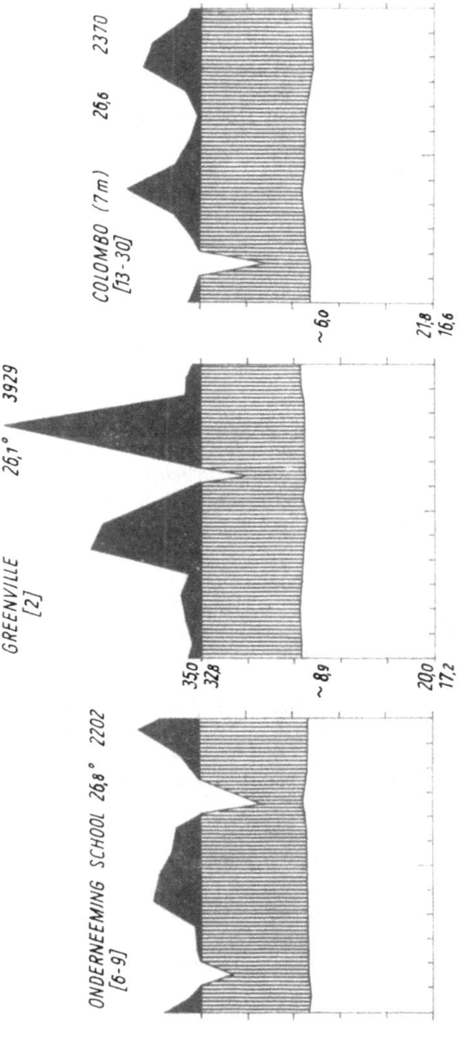

Abb. 51. Klimadiagramme von Standorten aus tropischen Regenwaldgebieten. – a) Gleichmäßig hohe Niederschläge; b) Wechselnde Niederschlagshöhe im Jahresverlauf, mit trockeneren Perioden. – Nach WALTER & LIETH (1960)

lage und sonstigen geographischen Bedingungen (Teil I, S. 46) treten ein bis mehrere Gipfel auf, und zuweilen sinken auch die Monatswerte unter 100 mm ab, was dann für diese Vegetation bereits eine relative Trockenperiode bedeutet (Abb. 51 b).

Aus den nahezu gleichbleibenden Monatsmitteltemperaturen darf nicht auf ebenso ausgeglichene Temperaturverhältnisse im Tagesverlauf geschlossen werden. Hier herrscht ein ausgesprochenes Tageszeitenklima mit durchschnittlichen Tagesschwankungen von 6 bis 10°C zwischen Tag und Nacht. Diese Schwankungen können zuweilen bis zu 20°C betragen und sind damit nicht geringer als in den anderen Klimazonen.

Noch drastischer sind die Veränderungen in der relativen Luftfeuchte als Folge des Temperaturwechsels. Ein gegebener Temperaturunterschied läßt das Sättigungsdefizit der Luft bei hoher Ausgangstemperatur viel stärker ansteigen als bei niedriger Temperatur. Dadurch kann die relative Luftfeuchte in den Tropen von voller Dampfsättigung bei Nacht (100%) bis auf Werte unter 50% am Tage absinken. Nur an durchweg trüben und regenfeuchten Tagen bleibt die relative Luftfeuchte bei etwa 90%. Derartige Tage aber sind selten; in der Regel beginnt der tropische Alltag — auch während der „Regenzeit“ — mit klarem Himmel, und die starke Sonnenstrahlung hält bis in die Mittagsstunden an. Die Niederschläge fallen in der Regel in den frühen Nachmittagsstunden, in Form wolkenbruchartiger Regengüsse, in Begleitung der typischen tropischen Mittagsgewitter. Am späten Nachmittag scheint dann wieder die Sonne.

Die starke Sonneneinstrahlung, vor allem während der Vormittagsstunden, führt in den davon betroffenen Blättern zu hohen Übertemperaturen (10—15°C). Dadurch wird deren Wassersättigungsdefizit zusätzlich gesteigert und kann Werte bis zu 40 mm erreichen. Das bedeutet, daß die Sonnenblätter der tropischen Vegetation, insbesondere im Kronendach der Bäume, täglich — wenn auch nur vorübergehend für wenige Stunden — einer extremen Trockenheit ausgesetzt sind. Daraus erklären sich auch ihre xeromorphen Strukturmerkmale: dicke Kutikula, lederartige Beschaffenheit, oft eingesenkte Spaltöffnungen, Spaltenschluß und Transpirationsschutz bei intensiver Sonnenbestrahlung, u. a. m.

Anders verhält sich das Mikroklima im Waldesinneren, insbesondere in Bodennähe. Dort herrschen sehr ausgeglichene Temperaturverhältnisse, mit ständig hoher Luftfeuchte, die sich kaum ändert. Demnach sind auch die Waldbodenpflanzen stets ausgesprochene Hygrophyten und Schattengewächse.

Die für die Photosynthese wichtige Beleuchtungsstärke ist trotz des hohen Sonnenstandes in den Tropen nicht höher als in anderen Breiten, sondern eher noch niedriger, weil durch den hohen Wasserdampfgehalt der Luft ein erheblicher Teil der Strahlung absorbiert wird.

Die Bodenverhältnisse wurden bereits in Teil I, (S. 160) behandelt. Die tropischen Regenwälder stocken in der Regel auf tiefgründigen Verwitterungsböden, deren verfügbarer Mineralstoffvorrat längst von den Wurzeln aufgenommen wurde und in der Vegetationsschicht selbst gespeichert liegt. Von dort gelangen die Mineralstoffe mit den abfallenden Pflanzenteilen, die — ebenso wie die tierischen Reste — bei der hohen Temperatur und Luftfeuchtigkeit äußerst rasch zersetzt werden, wieder in den Boden zurück, werden aber hier sofort wieder von den Pflanzenwurzeln aufgenommen. Der Boden selbst ist ausgesprochen nährstoffarm. Das üppige Wachstum in den feuchten Tropenwäldern ist somit nicht Ausdruck hoher Bodenfruchtbarkeit, d. h. eines hohen Nährstoffvorrats im Boden, sondern Produkt eines ununterbrochenen, intensiven Kreislaufs der Mineralstoffe zwischen Boden und Vegetation, wodurch ein gegebener, konstanter Nährstoffvorrat immer wieder erneut für die Stoffproduktionsprozesse genutzt werden kann.

5.4.2. Photosynthese und Stoffproduktion

Über die Photosynthese der tropischen Regenwaldbäume am natürlichen Standort liegen bisher nur wenige zuverlässige Daten vor; die Werte unterscheiden sich jedoch nicht von denen der Gehölze aus gemäßigten Klimazonen. Auch die Atmungsintensität der Blätter ist wegen ihrer besonderen physiologischen Anpassung an die hohen Temperaturen nicht wesentlich höher als bei den Laubgehölzen kühlerer Gebiete (S. 46).

Für die Stoffproduktion eines Waldes ist aber weniger die Photosynthese-Aktivität pro Blattflächeneinheit maßgeblich, sondern vielmehr die Ausdehnung der Gesamtblättfläche und die Dauer der Produktionstätigkeit. Im frostfreien tropischen Klima gibt es keine temperaturbedingte Unterbrechung der Photosynthese-Tätigkeit; diese kann jedoch vorübergehend für kurze Frist auf Grund angespannten Wasserhaushalts eingestellt werden. Ein tropischer Regenwald kann somit das ganze Jahr über ohne Unterbrechung seine Photosynthese betreiben und dadurch — trotz bescheidener Leistung der Einzelblätter je Flächeneinheit — beträchtliche Massen an Trockensubstanz produzieren. Andererseits geht auch die Atmung der nicht assimilierenden Pflanzenteile ohne Unterbrechung weiter und verbraucht etwa drei Viertel der durch die Bruttoproduktion erzeugten Biomasse, d. h. die relativen Atmungsverluste sind im tropischen Regenwald nahezu doppelt so hoch wie bei den laubabwerfenden Bäumen der gemäßigten Klimagebiete.

Insgesamt hängt die Stoffproduktion eines tropischen Regenwaldes weitgehend von der Größe seiner Gesamtblattfläche pro Hektar ab. Abbildung 52 vergleicht die Leistung eines mitteleuropäischen Buchenwaldes (Blattflächenindex 5,6) mit zwei Typen tropischer Regenwälder, von denen der eine sich durch einen relativ aufgelockerten Bestand (Blattflächenindex 3,2), der andere durch sehr dichte Belaubung (Blattflächenindex 11,4) auszeichnet. Der lichte Tropenwald stimmt mit seiner Primärproduktion, dem Holzzuwachs und dem Streuanfall annähernd mit dem europäischen sommergrünen Laubwald überein. Der dicht geschlossene Regenwaldtyp mit seinem fast vierfachen Blattflächenindex bringt eine etwa doppelt so hohe Primärproduktion zustande wie der lichte Bestand, aber der jährliche Holzzuwachs beträgt nur ein Drittel des Vergleichwertes, weil die Hauptmasse der jährlich erzeugten Biomasse zum Aufbau des Laubwerks investiert wird und damit als jährliche Streu abfällt. Gesamtblattfläche und Temperaturverhältnisse bestimmen auch die großen Unterschiede in der Atmung der Wälder pro Hektar Bodenfläche.

Die Auswirkungen der hohen Atmungsverluste treten besonders deutlich beim relativen Vergleich hervor. Die

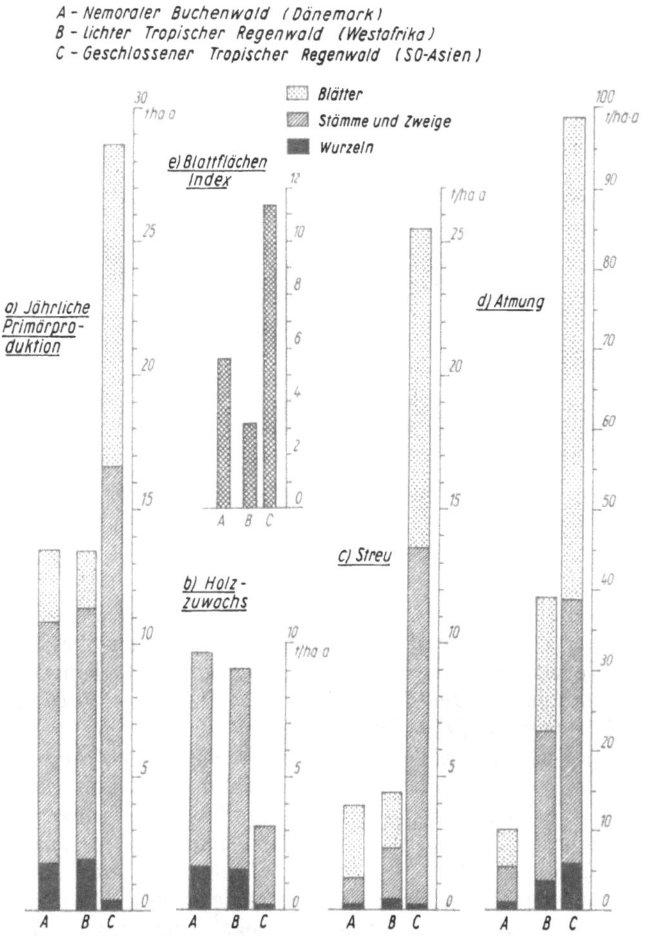

Abb. 52. Stoffproduktion und Blattflächenindex in zwei Typen tropischer Regenwälder im Vergleich zu einem laubabwerfenden mitteleuropäischen Buchenwald. – Nach Angaben von MÜLLER & NIELSEN (1965) sowie KIRA & OGAWA (1971)

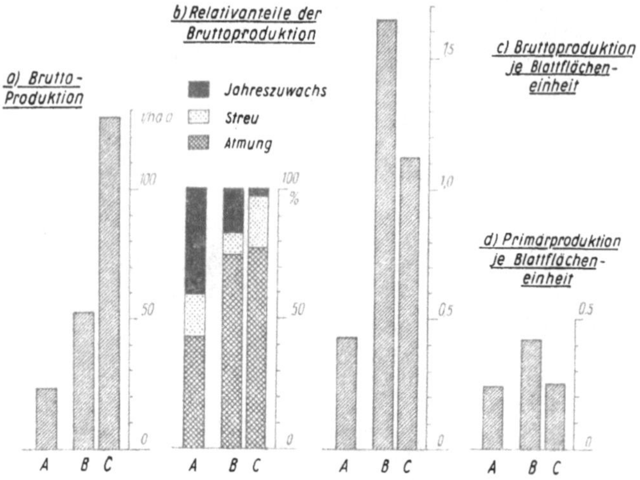

Abb. 53. Bruttoproduktion und relative Stoffproduktionszahlen zu Abb. 52

aus der Summe von Primärproduktion und Atmung berechnete Bruttoproduktion ist in den tropischen Wäldern weitaus höher als beim sommergrünen Buchenwald, sowohl pro Bodenfläche (Abb. 53a) wie auch je Blattflächeneinheit (Abb. 53c), wobei die höheren Werte des aufgelockerten Tropenwaldes auf die bessere Lichtnutzung für die Photosynthese zurückzuführen sind. Berechnet man jedoch den tatsächlichen Substanzgewinn als Primärproduktion pro Blattflächeneinheit, so unterscheidet sich der dichtgeschlossene Tropenwald überhaupt nicht, der lichte Bestand nur wenig vom Niveau des europäischen Laubwaldes. Berücksichtigt man dazu noch die Streuverluste und berechnet den jährlichen Holzzuwachs in Prozent der Bruttoproduktion, so arbeitet der laubabwerfende Wald des gemäßigten Klimagebiets mit weitaus höherem Nutzeffekt als die tropischen Regenwälder (Abb. 53b). Hier täuscht oft das Aussehen der großen, saftigen Blätter mit ihrem hohen Wassergehalt (80–90% des Frischgewichts) eine weit stärkere Trockenmasseproduktion vor, als sie in Wirklichkeit besteht.

Die in den Abbildungen 52 und 53 dargestellten Relationen sind wegen des unbekannten Alters der untersuchten Tropenwälder nicht streng vergleichbar, doch gestatten sie eine gewisse Einsicht in die grundsätzlichen Stoffproduktionsverhältnisse. Die extrem niedrigen und hohen Zahlen für den Blattflächenindex (3,2 und 11,4) der dargestellten Tropenwaldtypen — die Durchschnittsziffern dürften bei 6 bis 7 liegen — lassen auch deren Stoffproduktion vorerst nur für die jeweiligen Standortsbedingungen gültig erscheinen. Bevor tiefergehende und umfassende Vergleiche zwischen der Produktionskraft tropischer Regenwälder und den sommergrünen Laubwäldern der gemäßigten Klimazonen gezogen werden, bedarf es noch einer Vielzahl genauerer Untersuchungen in den tropischen Waldgebieten. Nach den bisherigen Ergebnissen darf man als grobe Orientierung etwa 20 t/ha Trockenmasse als jährliche Primärproduktion annehmen, wovon etwa 11 t/ha auf den Streuanteil entfallen (Walter 1973).

5.4.3. Andere ökologische Besonderheiten

Die tropischen Regenwälder sind zwar immergrün, doch ihre Blätter sind nicht ausdauernd. Der Laubfall vollzieht sich hier aber nicht gleichzeitig, wie bei den sommergrünen Wäldern des gemäßigten Klimas, sondern weitgehend unregelmäßig, oft selbst innerhalb ein- und derselben Art von Baum zu Baum und sogar von Ast zu Ast verschieden. In zahlreichen Fällen werden die alten Blätter abgeworfen, wenn an dem betreffenden Trieb neue erscheinen, die oft büschelweise austreiben. Man kann aber auch an ein und demselben Baum gleichzeitig belaubte und unbelaubte Äste oder ganze Kronenteile finden. Bei vielen Arten werfen die Bäume auch ihr Laub vollständig ab, insbesondere zur Blütezeit, so daß dann der ganze Baum für kurze Zeit nur in seinem farbenprächtigen Blütenkleid erscheint. Für den Laubfall wurden ganz unterschiedliche Perioden beobachtet, die von drei bis zwölf und sogar mehr als 30 Monaten reichen. Auf jeden Fall aber vollzieht sich dieser Laubfall immer als individuelle Erscheinung der Einzelbäume, so daß die vorübergehend kahlen Exemplare im Gesamtbild des immergrün erscheinenden Waldes verschwinden. Auch die Photosynthese wird auf diese Weise zwar an den Stellen des Laubfalls unterbrochen, jedoch erleidet die Stoffproduktion der gesamten Waldgemeinschaft dadurch keine nennenswerte Einbuße. Nur bei ausgeprägten Trockenzeiten kommt es zum synchronen Laubfall aller Bäume, doch handelt es sich dann bereits um einen anderen Vegetationstyp, die regengrünen Tropenwälder.

Die unter den Bedingungen des tropischen Regenwaldes besonders üppig gedeihenden Sonderwuchsformen der Lianen und Epiphyten wurden bereits an anderer Stelle behandelt (Teil I, S. 108ff.). Für den Wasserhaushalt der *Epiphyten* und auch der übrigen Pflanzen im Waldesinneren hat der nächtliche *Taufall* besondere ökologische Bedeutung. Als Folge der bei nächtlicher Ausstrahlung sich stark abkühlenden Blattflächen im Kronendach schlägt sich dort allnächtlich eine beträchtliche Menge (mehr als 100 ml pro m^2) an Tau nieder, der dann nach unten von Blatt zu Blatt abtropft, Epiphyten und Waldbodenpflanzen zusätzlich mit Wasser versorgt und zur Erhaltung der dampfgesättigten Atmosphäre im Waldesinneren erheblich beiträgt. Die Transpiration der Waldbodenpflanzen ist oft so niedrig, daß sie die erforderlichen Mineralstoffe aus dem Boden nur mit aktiver Wasseraufnahme bewältigen können, die sich durch starke Guttation äußert.

Die Pflanzen der tropischen Gebiete sind in ihrer Lebensrhythmik an kurze Tageslänge und ebensolche Nächte angepaßt. Land- und forstwirtschaftliche Kulturen oder Zierpflanzen aus subtropischen und gemäßigten Klimazonen kommen daher in den Tropen oft nicht zum Blühen und Fruchten. Diese photoperiodisch bedingte Blühhemmung kann jedoch vielfach durch kühle Temperaturen ausgeschaltet werden, wie sie in den Hochlagen der tropischen Gebirge herrschen. Langtagpflanzen, die im tropischen Tiefland keine Blüten ansetzen, können oft bei gleicher Breitenlage im tropischen Gebirge hervorragend gedeihen, blühen und fruchten.

5.5. *Grasland*

5.5.1. *Klima und Boden*

Fast ein Sechstel (etwa 16%) der Festlandsoberfläche bietet Klima- und Bodenbedingungen für das natürliche Vorherrschen geschlossener Graslandschaften, sei es in Form baumloser *Steppen* im gemäßigten Klima (Osteuropa, Südwestsibirien, nordamerikanische Prärie, südamerikanische Pampa), sei es als *Savannen*, d. h. mit Einzelbäumen oder Baumgruppen durchsetzt, wie sie überwiegend in den tropischen Regionen vorkommen. Ein Großteil dieser Gebiete ist heute wegen seiner günstigen Bodeneigenschaften bereits in Ackerland umgewandelt oder wird zu ausgedehnter Viehweide genutzt.

Die über sämtliche Kontinente verteilten Graslandgebiete sind im einzelnen ganz unterschiedlichen Klimabedingungen ausgesetzt und treten sowohl in den frostfreien Tropen auf wie auch in den kontinentalen, von strengen Winterfrösten begleiteten Regionen des gemäßigten Klimas. Dementsprechend verschiedenartig sind auch Zusammensetzung und Erscheinungsbild der jeweiligen Graslandformationen, jedoch lassen sich gemeinsame Grundzüge kennzeichnen. Bestimmend für das Vorherrschen natürlicher Grasfluren ist in erster Linie das Zusammenwirken besonderer Boden- und Wasserhaushaltsverhältnisse. Mäßige Niederschläge, in der Regel zwischen 100 und 500 mm pro Jahr (Abb. 54, 55), die innerhalb kurzer Frist als Sommerregen auf dichte, feinkörnige Böden fallen, durchfeuchten diese nur in den oberen Lagen, wo das verfügbare Wasser rasch und vollständig von dem dichten, intensiven Wurzelsystem der Gräser aufgenommen werden kann. Das extensive Wurzelsystem von Holzpflanzen kann unter diesen Bedingungen einer solchen Konkurrenz nicht standhalten. Erst wenn die Niederschläge so reichlich fallen, daß auch tiefere Bodenschichten — unterhalb des Gräserwurzelhorizontes — für längere Zeit durchfeuchtet werden, können Holzpflanzen Fuß fassen und gewinnen schließlich Oberhand über die Gräser (Abb. 56).

Auch der Artenreichtum der Steppen und Savannen hängt wesentlich von der Wasserversorgung ab. Spärliche Niederschläge lassen nur kurze, xerophytische Horstgräser gedeihen. Mit zunehmender Regenmenge häufen sich nicht nur höhere

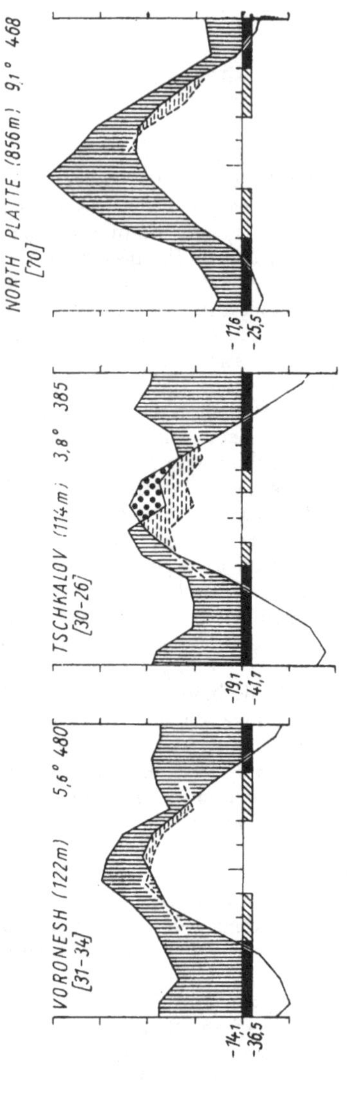

Abb. 54. Klimadiagramme von Standorten aus einer Waldsteppe (mit Trockenzeit), einer echten osteuropäischen Steppe (mit Dürreperiode) und der nordamerikanischen Prärie. – Nach WALTER & LIETH (1960)

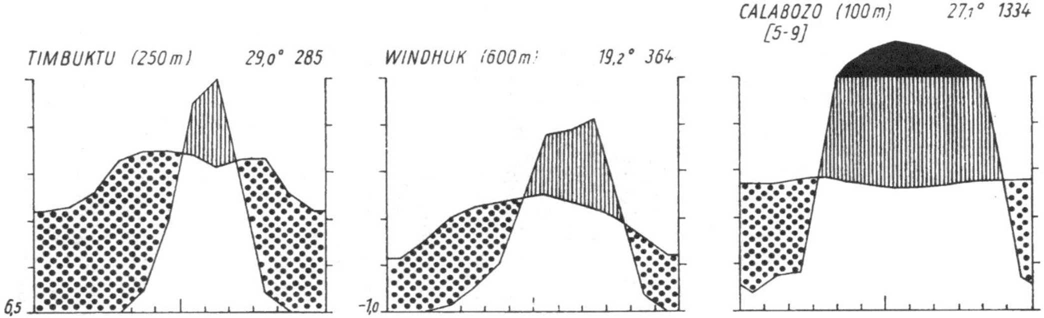

Abb. 55. Klimadiagramme von Standorten mit klimatisch (West- und Südwestafrika), sowie vorwiegend edaphisch bedingten Savannenlandschaften (Llanos im Orinokogebiet) in tropischen Zonen. — Nach WALTER & LIETH (1960)

und weichblättrige Grasarten, sondern erscheint die Grasflur auch mit einer wachsenden Vielzahl buntblühender Kräuter durchsetzt.

5.5.2. *Stoffproduktion*

Die Stoffproduktion der Graslandvegetation ist sehr stark von der Wasserversorgung abhängig, dieser oft sogar linear proportional, und ist eingestellt auf intensive Nutzung der relativ kurzen, regenreichen Jahreszeit. Während der produktionsungünstigen Witterung, sei es Dürre, sei es Winterfrost, sterben die oberirdischen Pflanzenteile ab, mit Ausnahme der Überdauerungsknospen, die sich dicht an der Bodenoberfläche befinden. Vor dem Absterben der Stengel und Blätter werden deren mobilisierbare Mineral- und Reservestoffe in die unterirdischen Organe (Wurzeln, Rhizome, z. T. auch Knollen und Zwiebeln) verlagert. Die Graslandgewächse sind daher in ihrer überwiegenden Mehrzahl Hemikryptophyten, deren Biomasse zum größten Teil unter der Erde liegt (Abb. 58).

In den tropischen Graslandschaften sind die Gräser meist weichblättrig, auf starke Transpiration und entsprechend hohe Stoffproduktionsrate während der kurzen Regenzeit eingerichtet. Diese starke Stoffwechseltätigkeit wird auch nicht eingestellt, wenn die Regenzeit zu Ende geht; die Pflanzen vertrocknen dann sehr rasch, bis auf die Erneuerungsknospen in Bodennähe, die von den trockenen Blattscheiden umgeben bleiben und dadurch ausreichend gegen Verdunstung geschützt sind. In diesem Ruhezustand entzieht die Pflanzendecke kaum Wasser aus dem Boden und kann eine Dürreperiode gut überdauern.

In den Steppen des gemäßigten Klimas unterbricht die Winterkälte den jährlichen Vegetationszyklus. Während des Sommers stellen sich die Pflanzen auf ihre standörtlichen Niederschlagsverhältnisse ein und zeigen mit zunehmender Wasserverknappung immer stärker xero-

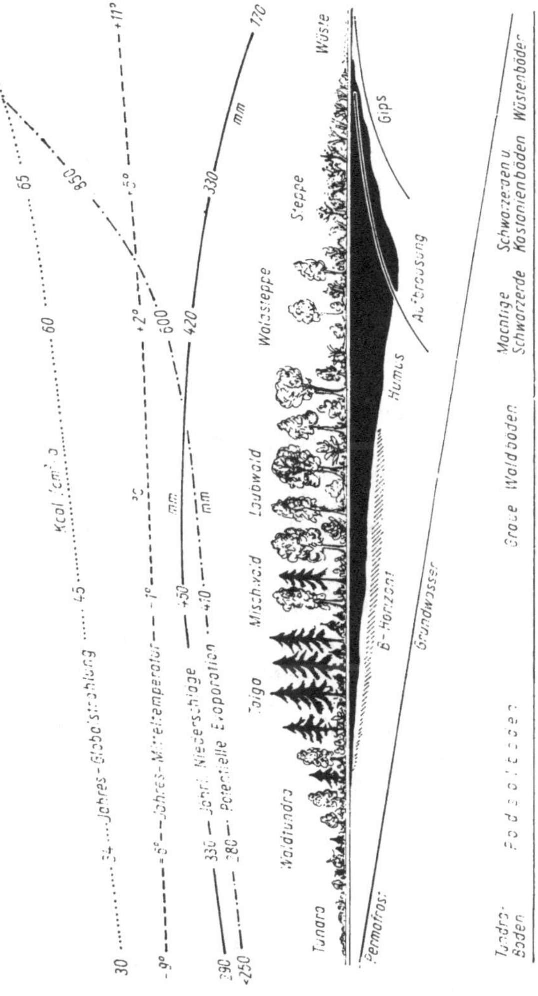

Abb. 56. Klima-, Vegetations- und Bodenprofil (schematisch) durch die russische Tiefebene, von NW nach SE. — Nach WALTER (1968), verändert

morphe Züge, mit deren Hilfe die Transpiration wirksam eingeschränkt wird. Besonders deutlich wird das bei den Federgrasarten mit ihren eingefalteten Rollblättern und tief versenkten Spaltöffnungen.

Die jährliche Primärproduktion an Pflanzenmasse ist daher eng an die Wasserversorgung und die Verdunstungsverhältnisse gebunden. Bei Trockenheit wird nur eine kleine Blattfläche gebildet, damit die Transpiration niedrig bleibt, aber demgemäß werden auch Photosynthese und Stoffproduktion herabgesetzt. So z. B. wurde für eine südrussische krautarme Federgrassteppe in trockenen Jahren eine Biomasseproduktion von 710—2700 kg/ha gemessen, in feuchten Jahren dagegen 4530—6250 kg/ha (Rodin & Basilevich, 1965). Wuchshöhe der Pflanzen und Tiefe der Bodendurchwurzelung hängen ebenfalls deutlich von der jährlichen Niederschlags- und Verdunstungsmenge ab (Abb. 57).

Da die Hauptmasse der oberirdischen Pflanzenteile während der ungünstigen Jahreszeit abstirbt, ist die Jahresproduktion an Trockenmasse nahezu gleich der jährlichen Streuproduktion. Nur die unteren Teile der Grashorste bleiben erhalten und nehmen allmählich mit dem Alter zu, so daß die oberirdische Biomasse allmählich auf mehr als das Doppelte der Jahresprimärproduktion anwächst. Die unterirdische Biomasse bleibt dagegen weitgehend unverändert. Sie ist stets größer als die oberirdische Pflanzenmasse, und ihr prozentualer Anteil an der Gesamttrockenmasse wächst mit zunehmender Trockenheit des jeweiligen Standorts (Abb. 58).

5.5.3. Andere ökologische Besonderheiten

Das Vegetationsbild der Steppen und Savannen wird in erster Linie durch Gräser geprägt, doch sind diese meist mit zahlreichen Kräutern durchsetzt und vergesellschaftet, deren Existenz sehr wesentlich von der Ausdehnung ihres Wurzelsystems abhängt, sowie ihrem Vermögen, sich in die Lebensrhythmik der vorherrschenden Grasarten einzufügen. Im allgemeinen blühen

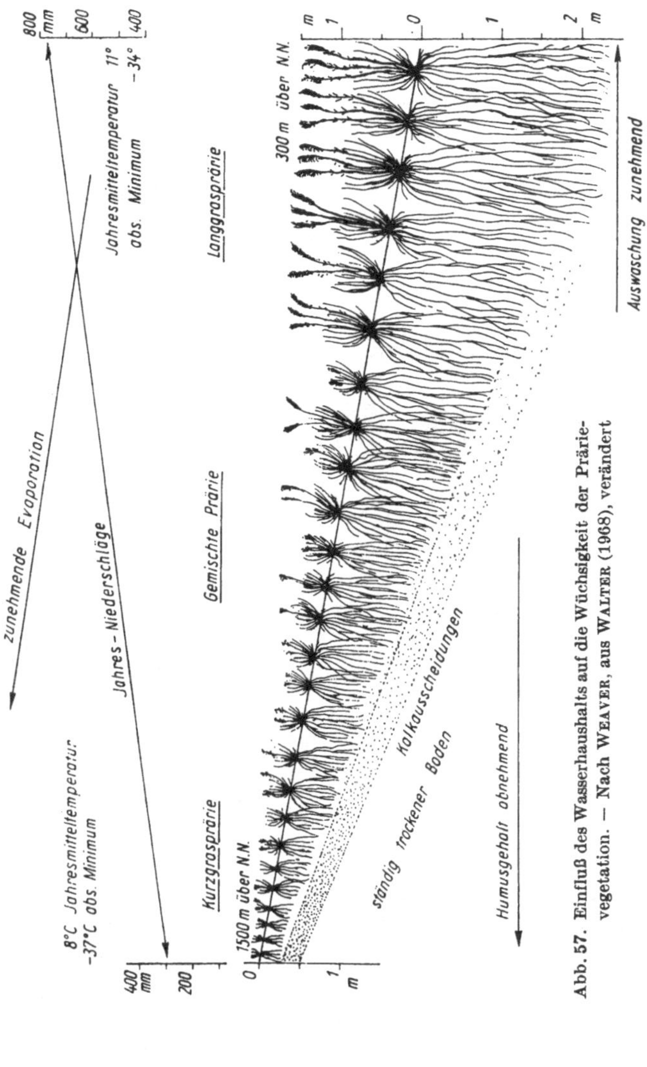

Abb. 57. Einfluß des Wasserhaushalts auf die Wüchsigkeit der Prärievegetation. — Nach WEAVER, aus WALTER (1968), verändert

und fruchten die Kräuter um so früher, je flacher und kleiner ihr Wurzelsystem ist. Diese Unterschiede bedingen auch die stark wechselnden Aspekte der Steppenflora im Laufe des Jahres, beginnend mit den ausgesprochenen Frühblühern, die

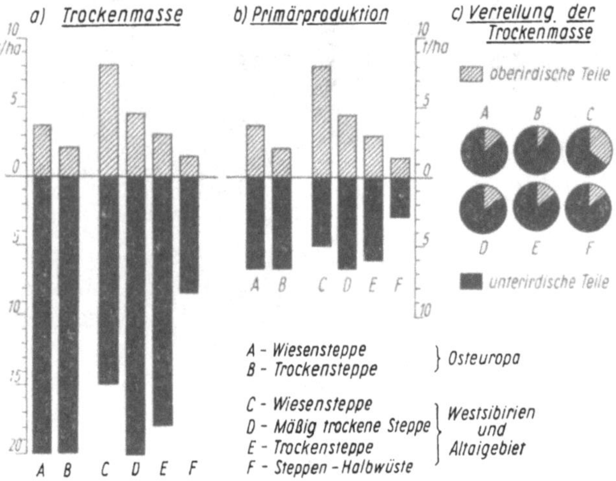

Abb. 58. Biomasse und Produktivität eurasischer Steppentypen. – In Anlehnung an RODIN & BAZILEVICH, nach Tabellenangaben aus WALTER (1968)

als Geophyten oder Annuelle oft schon das Schmelzwasser im Vorfrühling zu aktiver Stoffproduktion nutzen, noch bevor die Gräser voll ausgewachsen sind, bis hin zu den tiefwurzelnden, ausdauernden Kräutern, die noch im Spätsommer Blüten und Früchte tragen (vgl. Teil I, S. 67).

Die Zusammensetzung der Steppen- und sonstigen Graslandschaften wird jedoch nicht nur durch Klima- und Bodeneigenschaften bestimmt, sondern auch durch ihre Wechselbeziehungen mit der Tierwelt. Nagetiere (Ziesel, Wühlmäuse u. a.) können durch ihre Grab- und Wühltätigkeit die Bodenverhältnisse in den oberen Schichten merklich stören und dadurch auch das Mikrorelief der Pflanzendecke nachhaltig ändern. Natürliche

Beweidung — wie sie lange vor dem Erscheinen des Menschen bestand — sowie Feuer, entstanden durch Blitzschlag in der vertrockneten Gräserstreu, haben in vielen Fällen das Vordringen von Holzpflanzen in Bereiche unterdrückt, wo Boden- und Niederschlagsverhältnisse ihr Gedeihen eigentlich ermöglichen würden. Die Baumlosigkeit weiter Steppengebiete in Eurasien und Nordamerika ist auf diese Ursachen zurückzuführen. In anderen Fällen (Llanos am Orinoko) wird das Vordringen von Wäldern — trotz hoher Niederschläge (Abb. 55 — Calabozo) — von lateritischen Verdichtungskrusten verhindert, die in geringer Bodentiefe liegen und nur stellenweise das Vordringen von Baumwurzeln in größere Tiefe gestatten.

Landwirtschaftliche Intensivnutzung mit übermäßiger Beweidung der Grasfluren führt dagegen zu rascher Vernichtung der weichblättrigen und damit nährwertreichen Futtergräser und -kräuter und läßt sehr bald sekundäre, artenarme, zunehmend mit stacheligen Kräutern und Dornbuschgehölzen durchsetzte „*Überweidungsflächen*“ entstehen.

5.6. *Wasserpflanzen*

5.6.1. *Plankton*

Die in den Oberflächenschichten der Meere und Süßgewässer schwebenden Planktonalgen sind meist einzellig oder bilden wenigzellige Kolonien, sämtlich von kurzer Lebensdauer, die in der Regel nur wenige Tage beträgt. Da alle Zellen Chloroplasten führen und selbständig ihre Photosynthese betreiben, brauchen keine Assimilate an nichtgrüne Pflanzenteile abgegeben werden, sondern die produzierten Baustoffe werden unmittelbar zur Bildung neuer Zellen, d. h. zur Reproduktion eingesetzt. Die Zellteilungsrate wird daher oft als Maß für die Intensität der Plankton-Stoffproduktion benutzt.

Wegen der Kurzlebigkeit der meisten Algen kann die zu einem gegebenen Zeitpunkt feststellbare Biomasse nicht als Gradmesser für die Stoffproduktionsleistung verwendet werden. Entscheidend hierfür ist der „Umsatz“, d. h. wie oft die gleiche in einem Biotop vorhandene Kohlen- und Mineralstoffmenge im Laufe eines Jahres zur Produktion neuer Biomasse genutzt wird. Die jährliche Stoffproduktion kann somit erheblich größer sein als die momentan meßbare Biomasse (vgl. Tab. 17).

In diesem Milieu begrenzen in erster Linie Mineralstoffversorgung und Licht die Ergiebigkeit der Primärproduktion. Unter günstigen Licht- und Temperaturbedingungen vermehren sich die Planktonalgen im Oberflächenwasser so stark, daß unter natürlichen Verhältnissen oft die verfügbare Mineralstoffmenge, insbesondere Stickstoff und Phosphor, sehr rasch aufgezehrt ist und die Planktonalgen dann an Nährstoffmangel zugrunde gehen. Ein großer Teil (etwa zwei Drittel) wird von Tieren gefressen, der Rest stirbt ab, wird zersetzt und sinkt in dunklere Tiefenschichten ab, von wo aus die Mineralstoffe erst wieder mit einer Wasserumschichtung in die lichtdurchflutete Oberflächenzone gelangen (vgl. Teil I, S. 122). Damit bleibt auch die Sichttiefe bei diesen Vorgängen nicht konstant, sondern mit der Massenvermehrung der Plankter wird das Wasser zunehmend getrübt. Da unmittelbar an der Wasseroberfläche das Licht meist zu stark ist und auf die Algen schädlich wirkt, herrscht optimale Photosynthese-Aktivität etwas tiefer. Die höchsten Stoffproduktionsleistungen werden jedoch immer dann erreicht, wenn das Phytoplankton sich in einer möglichst dünnen Oberflächenschicht (nicht mehr als 1 m) zusammendrängt.

Die Temperatur beeinflußt nicht nur die Atmungsrate und damit den Grad der Substanzverluste, sondern auch das CO_2-Rohstoffangebot. Wasser von 0 °C enthält z. B. mehr als doppelt so viel CO_2 gelöst als bei 20 °C. Außerdem sinken im kühlen Wasser die Schwebstoffe wesentlich langsamer ab als bei höherer Temperatur. Temperaturbedingt ist auch der Dissoziationsgrad der Kohlensäure, und damit die Anteile von CO_2, Carbonat- und Bicarbonationen im Wasser, die von den Wasserpflanzen unterschiedlich für ihre Photosynthese genutzt werden.

Zahlenangaben über die Produktivität von Planktongesellschaften sind nicht nur spärlich, sondern auch äußerst unterschiedlich, sei es wegen der verschiedenartigen Standortsbedingungen, jahres- und tageszeitlichen

Schwankungen, bei denen die Messungen vorgenommen wurden, sei es wegen unterschiedlicher Meßmethoden. Die zuverlässigsten Werte werden heute meist durch Anwendung radioaktiven Kohlenstoffs gewonnen. Außerdem muß bei den Berechnungen der stark wechselnde Aschenanteil der Algenkörper berücksichtigt werden, der 3 bis 80% der Trockenmasse betragen kann. Der Anteil des Kohlenstoffs an der Gesamtbiomasse fällt somit oft sehr unterschiedlich aus (Tab. 17).

Für die Planktonalgen des offenen Ozeans darf im allgemeinen eine jährliche Primärproduktion von 1 bis 2 t/ha angenommen werden, kann jedoch in Küstennähe oder nährstoffreichen Strömungen auf mehr als das Doppelte ansteigen. Insgesamt bleibt jedoch die Stoffproduktion der Meeresplankter pro Oberflächeneinheit bedeutend niedriger als bei den Landpflanzen, aber die riesige Ausdehnung der Ozeane bewirkt, daß diese — an sich bescheidene — Produktivität fast 80% der in den Weltmeeren erzeugten und etwa 25% der auf der Erde insgesamt produzierten Biomasse liefert (S. 191).

Weit günstigere Produktionsbedingungen finden Planktonalgen in den flachen, oft bis zum Grund ausgeleuchteten und meist nährstoffreichen Brack- und Süßgewässern. Hier werden wesentlich höhere Produktionsleistungen erreicht (Tab. 17), die aber wegen der insgesamt geringen Flächenausdehnung dieser Gewässer im gesamtglobalen Ausmaß nur wenig ins Gewicht fallen. Örtlich können sie jedoch erhebliche Bedeutung erlangen. Insbesondere können unter günstigen Klimabedingungen, vor allem in den Tropen und Subtropen mit hoher Sonneneinstrahlung, einzellige Algen unter freiem Himmel in flachen (20—30 cm) Abwasserbecken oder auf mineralstoffreichen Kulturlösungen als Nahrungsmittel für Futterzwecke gezüchtet werden und erreichen dort eine Produktivität von 40 bis 60 t/ha pro Jahr. In solchen Flachwasserbecken liefert die verstärkte Bakterienatmung auch wesentlich mehr CO_2 als in den natürlichen Gewässerökosystemen; bei künstlicher Algenzucht wird oft CO_2 zusätzlich dem Nährmedium beigefügt.

Tabelle 17

Trockenmasseproduktion von Wasserpflanzengesellschaften (nach WESTLAKE 1963)

Nr.	Pflanzengesellschaft	Vorherrschende Art	Region	Maximale Biomasse während der Vegetationsperiode t/ha	Mittlere jährliche Biomasseproduktion t/ha	Mittlere Tagesproduktion während der Vegetationsperiode	
						Biomasse g/m²	gebundener Kohlenstoff g/m²
1	Süßwasserplankton	*Oscillatoria agardhii*	Dänemark	–	9,5 – 15	2,6 – 4,2	1,2
2	Mariner Diatomeenplankton	*Skeletonema costatum*	Dänemark	0,2 – 2,0	2,6 – 4,3	0,7 – 1,2	0,32
3	Grünalgenplankton in Abwasser	*Scenedesmus* spcc.	Kalifornien	0,9	56	15	6,5
4	Litoraler Algenbewuchs	*Ascophyllum nodosum*	Nova Scotia	80	20 – 26	5,5 – 7,2	2,1 – 2,8
5	Sublitorale Braunalgen	*Laminaria longicuris*	Nova Scotia	38	48	13	3,9

6	Tropisches Korallenriff	Grünalgen	Marshall-Inseln	7	49	13	5,4
7	Brackwasser-Algen	*Chara intermedia*	Kaspisches Meer	60	30	25	4m1
8	Tropische Seegraswiesen	*Thalassia testudinum*	Antillen	57	40	11	3,8
9	Tropische Schwimmpflanzen	*Eichhornia crassipes*	Mississippi USA	15	15–44	7,4–22	2,5–7,5
10	Submerse Angiospermen	*Ceratophyllum demersum*	Schweden	7,1	9	2,5	0,95
11	Rohrkolben-Röhricht	*Typha* sp.	Minnesota USA	46	25	14	6,0

5.6.2. *Großalgen*

Die an den Meeresküsten und im Brackwasser bis zu einer Sichttiefe von etwa 1% relativem Lichtgenuß gedeihenden vielzelligen Algen haften überwiegend auf festem Untergrund (Felsboden, Korallenriffe, Uferbauten), weit seltener in lockerem Sand. Ihre Verbreitung und Produktionskraft wird nicht nur durch die Lichtverhältnisse, sondern auch entscheidend durch den Gezeitenhub beeinflußt. Das Vorkommen vieler Algengruppen wird davon bestimmt, ob und wie lange sie bei Ebbe auftauchen und trocken fallen (Abb. 59). Die Mineralstoffversorgung ist im allgemeinen gesichert, da die Algen Nährstoffionen sowohl aus den Bodensedimenten wie auch aus dem sie umgebenden Wasser über ihre gesamte Oberfläche aufnehmen können.

Da Untersuchungen über Photosynthese und Stoffproduktion am natürlichen Standort sehr schwierig sind, liegen bisher nur wenige Angaben vor; sie vermitteln jedoch bereits wesentliche Ergebnisse. Dank der reichlichen Nährstoffversorgung und der günstigen Lichtverhältnisse ist die Stoffproduktion dieser Großalgen um ein Vielfaches höher als die der freischwebenden Planktonorganismen. Das gilt besonders für die ständig untergetauchten (sublitoralen) Algenrasen, die sich meist aus Braun- und Rottangen zusammensetzen und speziell an die bis zu größerer Tiefe vordringenden längerwelligen Spektralbereiche des Sonnenlichts angepaßt sind (Tab. 17). Die größte bekannte Meeresalge *Macrocystis pyrifera* (bis 70 m lang und mehrere hundert kg schwer) bindet — nach bisherigen Untersuchungen (Towle & Pearse, 1973) — mindestens 6,8 g C, d. h. produziert 17 g Bio-Trockenmasse pro m² und Tag. Brackwässer und tropische Korallenriffe bieten wegen ihres Nährstoffreichtums gleichfalls ausgezeichnete Produktionsbedingungen, die eine hohe Kohlenstoffbindung ermöglichen (Tab. 17).

Die bei Ebbe für einige Stunden auftauchenden Gezeitenalgen setzen ihre Photosynthese normalerweise ungeschmälert fort. Die stärkere Beleuchtung der nun freiliegenden Algenrasen fördert sogar deren Photosynthese-

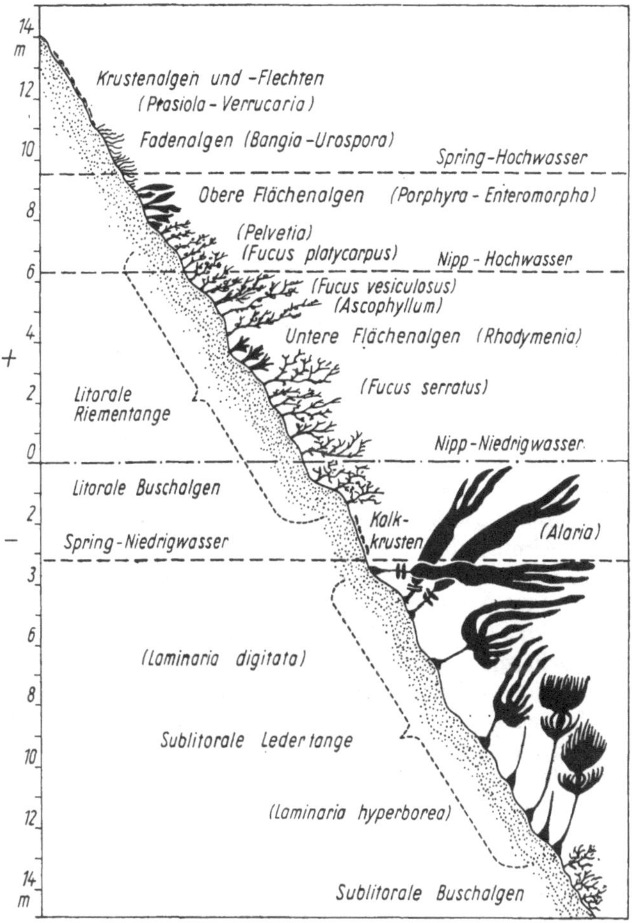

Abb. 59. Algenzonierung an den felsigen Kanalküsten mit starkem Gezeitenhub. – Nach WALTER (1968)

Aktivität, sofern sie nicht an besonders sonnigen Tagen zu stark austrocknen. Da das Photosynthese-Optimum bereits bei 21 bis 33 kLx erreicht wird (Walter 1968), sind feuchte, wolkenreiche Tage für die Stoffproduktion hier am günstigsten.

5.6.3. Andere Wasserpflanzengesellschaften

Die marinen, in Flachgewässern untergetaucht lebenden **Seegraswiesen** (*Potamogetonaceae, Hydrocharitaceae*), die mit ihren Rhizomen in Sand- oder Schlickböden wurzeln, leben unter ähnlichen Bedingungen wie die sublitoralen Algenrasen und erreichen auch annähernd gleiche Produktionsziffern (Tab. 17), wobei wiederum die höchste Produktivitätsrate unter tropischen und subtropischen Breitenlagen erreicht wird.

Unter den vielgestaltigen Pflanzengemeinschaften des Süßwassers sollen hier nur zwei Vegetationstypen herausgegriffen werden, die sich durch besonders hohe Stoffproduktionsleistungen auszeichnen: Röhricht und freischwimmende Schwingrasen.

Die mit ihren Wurzeln und Rhizomen in meist schlammigen Böden verankerten und mit ihren Stengeln und Blättern weit über das Wasser hinausreichenden **Röhrichtgesellschaften** erfreuen sich der denkbar besten Stoffproduktionsbedingungen: ein meist überreichliches Nährstoffangebot im Wurzelraum, unversiegbare Wasserversorgung und volles Sonnenlicht für die photosynthetisch tätigen Organe, von dem nicht ein großer Teil durch Absorption im Wasser verlorengeht. Die unbehinderte Wasser- und Mineralstoffzufuhr ermöglicht einen ununterbrochenen Gasaustausch mit voller Photosynthese-Aktivität, der auch während der heißen Mittagsstunden kaum eingeschränkt wird. Begrenzend wirken hier vor allem Tageslänge und Temperaturverhältnisse, so daß die höchsten Werte (bis zu 70 t/ha im Jahr) in tropischen und subtropischen Breiten gemessen werden. Die mittlere Jahresproduktion an Trockenmasse wird auf 20–25 t/ha geschätzt (Westlake 1963), vergleiche auch Tabelle 17. Derartig hohe Ziffern werden nur von Intensivkulturen tropischer Hochleistungspflanzen (Mais, Zuckerrohr) überboten.

Die Produktivität der vom Gewässerboden abgeschnittenen, frei schwimmenden **Schwingrasen** hängt vom Nährstoffreichtum des Oberflächenwassers ab. Die atmosphärischen Bedingungen für die der Wasseroberfläche angeschmiegten oder nur wenig darüber hinausragenden Blätter und Sproßachsen sind gleichermaßen günstig wie für die Röhrichtgesellschaften. Solche schwimmenden Wasserpflanzenbestände können daher nur in eutrophen Gewässern größere Ausdehnung erreichen, sind aber dort vielerorts zu einer kaum noch ausrottbaren Plage geworden, besonders in tropischen Regionen. So wird für die Wasserhyazinthe (*Eichhornia crassipes*) unter optimalen Bedingungen eine Maximalproduktivität von 150 t/ha und Jahr geschätzt; normalerweise bleiben allerdings die Ziffern weit niedriger (Tab. 17), jedoch immer noch beträchtlich hoch. Ähnliches gilt für die Schwimmpflanzengattungen *Pistia, Salvinia* und *Sagittaria* (Gessner 1959). Die Hauptgefahr liegt dabei nicht in der mehr oder weniger hohen Stoffproduktion. Die gebildete Biomasse wird hier nicht, wie bei den Röhrichtgesellschaften, zum Aufbau relativ hochgewachsener, dicht geschlossener Bestände verwendet, deren Standfestigkeit auch eine hohe Materialinvestition für Stützgewebe fordert, sondern das Wachstum geht ausschließlich in die Breite der Bestände. Die weichen, von zahlreichen luftgefüllten Hohlräumen durchzogenen Schwimmblätter enthalten bei mehr als 90% Wasser in der Frischmasse nur wenig Trockensubstanz, nehmen aber eine weite Fläche ein, so daß binnen kurzer Frist die gesamte Wasseroberfläche bedeckt werden kann. Die Folgen sind u. a. erhöhte Wasserverluste durch übersteigerte Evapotranspiration, Sauerstoffzehrung in den unter den Schwingrasen befindlichen Wasserschichten, bis zu mechanischer Behinderung von Wasserfahrzeugen, Verstopfung von Kanälen, Schleusen usw. (vgl. S. 83).

Die Stoffproduktion der untergetaucht lebenden Süßwasserpflanzen ist weit niedriger als die der über die Wasseroberfläche hinausragenden Gewächse, da sie in oligotrophen Gewässern zwar günstige Lichtverhältnisse, aber wenig Nährstoffe, in eutrophen Gewässern dagegen im stärker getrübten Milieu nur wenig Licht erhalten. In der Regel kann ihre jährliche Trockenmasseproduktion auf 1 bis 6 t/ha beziffert werden (Westlake 1963).

6. Biogeochemische Stoffkreisläufe

6.1. *Allgemeines*

Die pflanzliche Stoffproduktion bezieht ihre Energie von der Sonne, ihre Rohstoffe in Form von CO_2, Wasser und anorganischen Mineralstoffionen aus Luft und Boden. Dieselben Stoffgruppen sind auch Endprodukte der Zersetzung von Pflanzen- und Tierkörpern und stellen damit gleichzeitig das regenerierte Rohstoffangebot für eine erneute Pflanzenproduktion dar. Je rascher und intensiver dieser Stoffumsatz abläuft, desto effektiver kann die Pflanzenwelt die ihr gebotene Sonnenenergie mit dem gegebenen Rohstoffvorrat nutzen.

Damit herrscht innerhalb der natürlichen Ökosysteme sowie zwischen ihnen und dem sie umgebenden Luft- und Bodenraum ein ständiger Kreislauf der Stoffe, und der Naturhaushalt dieser Ökosysteme gilt als — bisher von der menschlichen Technik unerreichtes — Vorbild einer völlig abproduktfreien Produktionstechnologie: Jeder Abfall eines Lebensprozesses wird als Ausgangsstoff für andere Lebensvorgänge genutzt. Für die Hauptmasse der entsprechenden Stoffgruppen vollzieht sich dieser Kreislauf innerhalb kurzer Zeiträume und örtlich begrenzter Bereiche, doch werden langfristig alle von den Lebensvorgängen und ihren Auswirkungen betroffenen Teile der Erdrinde und der darüberliegenden Atmosphäre mit einbezogen. Man spricht daher von *biogeochemischen Stoffkreisläufen.*

Abbildung 60 verdeutlicht die wesentlichsten Zusammenhänge am Beispiel der biogeochemischen Mineralstoffzyklen. Die Stoffe zirkulieren zunächst mehr oder weniger intensiv innerhalb ihrer räumlich begrenzten Land- oder Gewässerökosysteme. Diese Teilzyklen bleiben jedoch niemals völlig geschlossen. Durch Auswaschung der Böden gelangen beträchtliche Mengen von Mineralstoffen mit den Fließgewässern in die Ozeane und werden dort mit den Meeresströmungen über weite Entfernungen verbreitet, sofern sie nicht in die Tiefe sinken. Ähnlich weit werden auch Staubmassen vom Wind verlagert, die von der Festlandsoberfläche oder dem Salzgischt des Meeres hochgewirbelt werden. Dieser ständigen Zirkulation wird jedoch laufend Substanz durch Sedimentation und spätere Gesteinsbildung entzogen, kann hier über lange Zeiträume, u. U. Jahrmillionen, gespeichert bleiben und wird erst dann wieder für die pflanzliche Stoffproduktion nutzbar, wenn geotektonische Bewegungen diese Gesteine an die Erdoberfläche schieben und sie dort der Verwitterung aussetzen.

In diese komplizierten und für jedes chemische Element spezifischen Kreislaufprozesse hat der Mensch mit seiner Wirtschaftsentwicklung durch Landnutzung, Ausbeutung der Bodenschätze, Aufbau von Industriegesellschaften rücksichtslos eingegriffen und in Unkenntnis der tieferen Zusammenhänge an sehr vielen Stellen das natürliche Gefüge der biogeochemischen Zyklen empfindlich gestört. So ist heute der Boden vielerorts an Pflanzennährstoffen hochgradig verarmt, an anderen Stellen wiederum häufen sich Mineralstoffe und organische Reste als Folge zu hoher Düngung und Auswaschung übermäßig an. Hinzu kommt die weltweite Verbreitung synthetischer Chemikalien (z. B. Detergentien, Pflanzenschutzmittel), die in der Natur oft nur schwer zersetzbar sind und sich daher trotz anfänglich unschädlicher Konzentration örtlich bis zu tödlicher Wirkung anreichern können (vgl. S. 81).

Genauere Studien über die biogeochemischen Stoff-

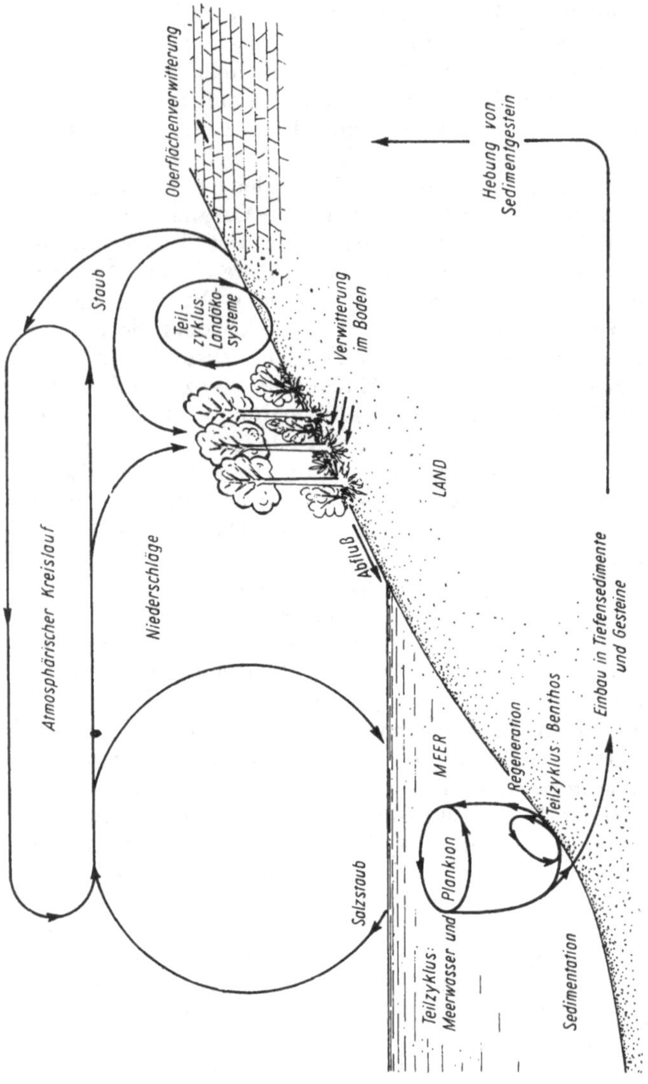

Abb. 60. Hauptzüge des biogeochemischen Mineralstoffkreislaufs auf der Erde. – Nach WHITTAKER (1970), verändert

kreisläufe in ihrem gesamten Umfang und allen Verzweigungen gehören daher heute zu den dringendsten wissenschaftlichen Anliegen, die bewältigt werden müssen, wenn günstige Bedingungen für eine weltweite Steigerung der landwirtschaftlichen Erträge geschaffen werden sollen.

An dieser Stelle sollen nur drei der wichtigsten biogeochemischen Stoffzyklen kurz charakterisiert werden; eine eingehendere Behandlung würde über den Rahmen dieses Taschenbuchs hinausgehen.

6.2. *Kreislauf des Kohlenstoffs*

Tabelle 18 gibt eine Übersicht über die Verteilung der auf der Erde mutmaßlich vorhandenen Kohlenstoffmengen. Der weitaus größte Teil davon (mehr als $25 \cdot 10^{15}$ t C) entfällt auf anorganische Carbonat-Gesteine. Daneben befinden sich fast 35 Billionen Tonnen (0,14% des Gesamtvorrats) in ionen- oder gasförmigen Verbindungen in den Gewässern der Ozeane gelöst, vornehmlich in den Tiefenschichten, etwa 500 Milliarden Tonnen bleiben in den Oberflächengewässern gespeichert. Nur wenig größer wird der gesamte Kohlenstoffgehalt der Atmosphäre geschätzt, meist in Form von CO_2.

Von der gesamten, in Atmosphäre und Oberflächengewässern vorhandenen Kohlenstoffmenge werden etwa 5% (70 Mrd. t C) alljährlich durch Photo- und Chemosynthese der Pflanzen für die globale Primärproduktion verarbeitet. 25 bis 40% davon werden von den Pflanzen unmittelbar wieder veratmet, der Rest dient als Tiernahrung oder wird zersetzt; sein Kohlenstoffgehalt kehrt über die Atmung der Konsumenten und Reduzenten an den Gesamtkreislauf zurück. Nur ein sehr geringer Anteil (etwa 0,1%) des organisch gebundenen Kohlenstoffs wird diesem Kreislauf durch Sedimentation, Torf- und Kohlebildung entzogen und aufgespeichert (Abb. 61).

Der Kohlenstoffkreislauf auf der Erde wird in erster Linie durch die Lebensprozesse in Gang gehalten. Fast 90% des jährlichen CO_2-Zustroms in die Atmospäre stammt aus Atmung, Gärungen und Verwesungsprozessen, etwa 11% entstehen durch natürliche Brände und

Tabelle 18

Kohlenstoffvorrat auf der Erde (nach MÜLLER 1960, BUCH 1960, BOLIN 1970). Darstellung in Anlehnung an LARCHER 1976. — Angaben in 10^9 t C

Anorganische Verbindungen		Organisch gebundener Kohlenstoff	
Atmosphäre	630	Lebende Organismen	
Gewässer		Land	410
Süßwasser	250	Meer	10
Meer-Oberflächen-schicht	500	Nicht abgebaute organische Reste	
Meer-Tiefenschichten	34500	(Detritus, Humus u. ä.)	
		Land	710
		Meer	3200
Festland			
Carbonatgesteine	25000000	Organische fossile Ablagerungen (Kohle, Erdöl, u. a.)	7400

die Verarbeitung fossiler Brennstoffe (Kohle, Erdöl, Erdgas) durch den Menschen. Nur ein verschwindend geringer Anteil kommt aus anorganischen Quellen, z. B. vulkanischer Tätigkeit oder gelöstem Kalkgestein.

Der — trotz örtlich oft beträchtlicher Tages- und Jahresschwankungen — insgesamt bemerkenswert stabile CO_2-Gehalt der Atmosphäre (ca.0.03 Vol.-%) läßt die Schlußfolgerung zu, daß die Kohlenstoffbilanz der Biosphäre weitgehend ausgeglichen ist. In früheren Erdepochen herrschte kein derartiges Gleichgewicht, worauf die Anhäufung der gewaltigen Lagerstätten fossiler Brennstoffe hindeutet. Diese Vorräte werden gegenwärtig durch die menschliche Gesellschaft in zunehmendem Ausmaß abgebaut, wodurch sich ein allmählicher, wenn auch bisher geringfügiger Anstieg des CO_2-Gehalts in der Atmosphäre bemerkbar macht (Mittelwert 1973: 0,033 Vol.-%), der vorerst noch keine ernste Gefahrenquelle darstellt. Als mächtiger Stabilisator des CO_2-Gehalts in der Luft wirken auch die Wassermassen der Ozeane, die mit der Atmosphäre in ständigem Gasaustausch stehen und mit ihrem gewaltigen Pufferungsvermögen entstehende CO_2-Überschüsse abfangen.

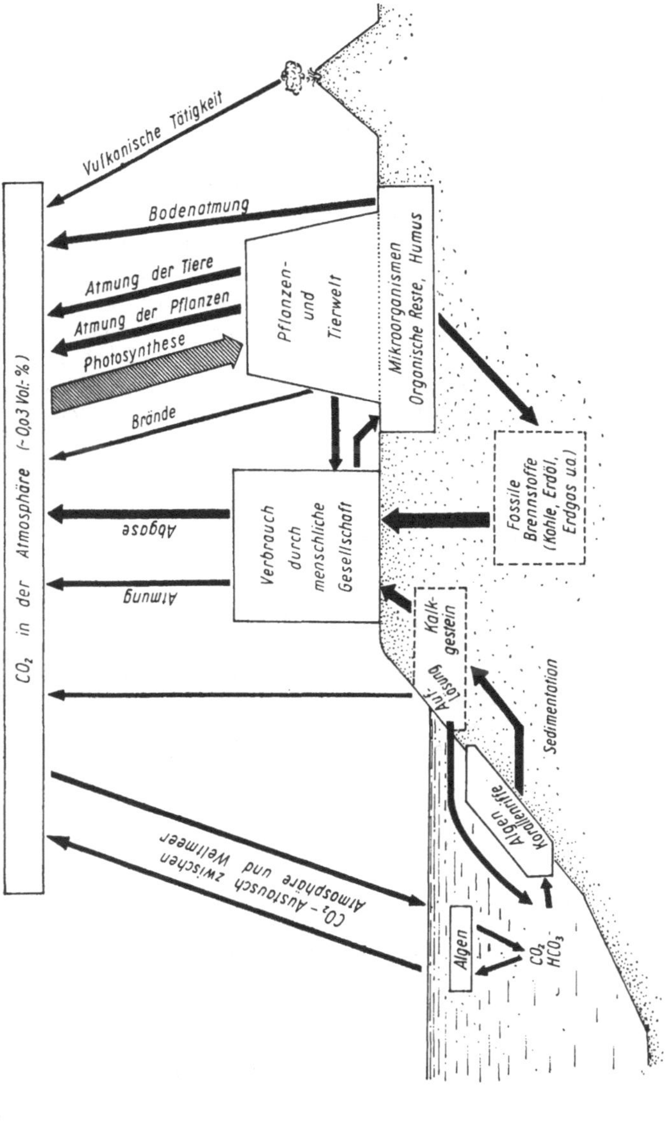

Abb. 61. Biogeochemischer Kreislauf des Kohlenstoffs auf der Erde — Schema

6.3. *Kreislauf des Stickstoffs*

Stickstoff als einer der Hauptbestandteile aller für die Lebensvorgänge wichtigen Substanzen (Eiweißverbindungen, Nukleinsäuren, Chlorophyll, nahezu sämtliche Enzyme, u. v. a.) ist für die Ernährung von Pflanzen, Tier und Mensch unerläßlich. Andererseits werden — als Folge menschlicher Tätigkeit — Luft, Gewässer und Boden zusehends stärker mit giftigen Stickstoffverbindungen verseucht, die aus Abgasen und sonstigen industriellen oder landwirtschaftlichen Abprodukten stammen (z. B. nitrose Gase, Nitrite und die hochgradig krebserregenden Nitrosamine). Bei dieser gefährlichen Doppelrolle des Stickstoffs als lebenserhaltender Faktor einerseits und wachsende Umweltbedrohung andererseits, haben die Prozesse der globalen N-Umsetzungen heute noch größere Bedeutung als je zuvor.

6.3.1. *Natürlicher Stickstoffkreislauf*

Die Hauptzüge des natürlichen Stickstoffkreislaufs in einem terrestrischen Ökosystem sind in Abbildung 62 dargestellt. Obwohl nahezu 80% der Atmosphäre aus molekularem Stickstoffgas (N_2) bestehen, ist dieses für die Lebensvorgänge nicht nutzbar, mit Ausnahme der N-fixierenden Bakterien und Blaualgen. Ein zusätzlicher Eintrag von biologisch nutzbarem Stickstoff entsteht durch Ammoniakbildung als Folge atmosphärischer Entladungen.

Die in den natürlichen Ökosystemen gespeicherte Stickstoffmenge teilt sich annähernd im Verhältnis 1 : 30 : 30 : 600 für Mikroorganismen : pflanzliche Biomasse : anorganischen Bodenstickstoff : organischen Bodenstickstoff. Durch Redox-Prozesse im Boden (*Ammonifizierung*, *Nitrifikation*, *Denitrifizierung*) werden die dort vorhandenen Stickstoffverbindungen allmählich in leicht lösliche oder gasförmige Substanzen umgewandelt, die entweder in die Atmosphäre entweichen (N_2, N_2O, Ammoniak) oder mit dem Oberflächenabfluß und der

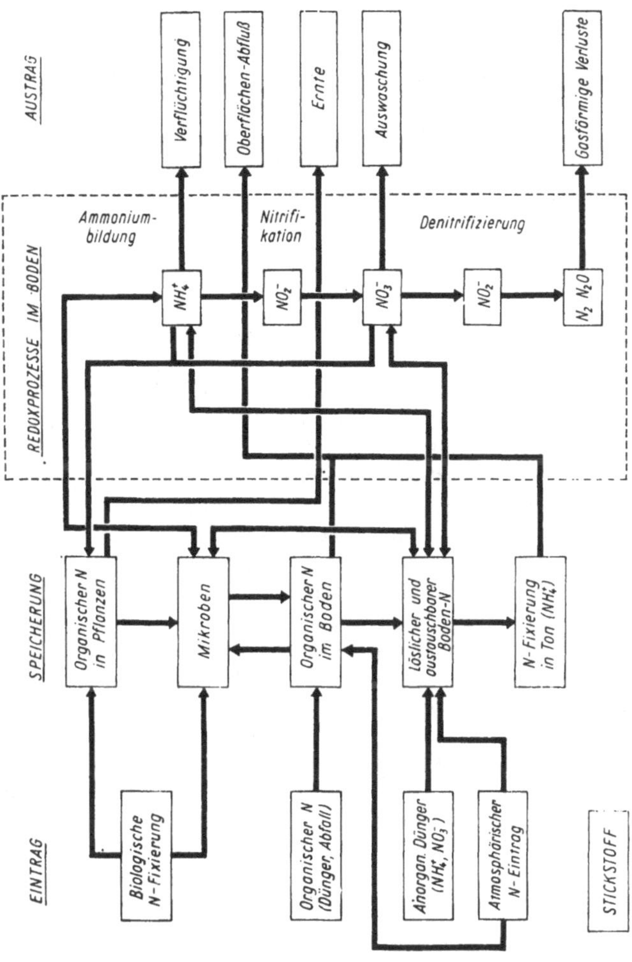

Abb. 62. Grundzüge des Stickstoffumsatzes in terrestrischen Ökosystemen. — Nach BOLIN & ARRHENIUS (1977)

Bodenauswaschung verlorengehen, sofern nicht ein Teil der Ammonium-Ionen in den Tonmineralien fixiert wird (vgl. Teil I, S. 148). Während nun in den natürlichen Ökosystemen die N-Bilanz weitgehend ausgeglichen ist und etwa 95% des gesamten Stickstoffbestandes zwischen Boden, Vegetation und den unteren Atmosphärenschichten zirkulieren, somit nur ein sehr geringer Anteil durch natürliche Prozesse verlorengeht, sind die Stickstoffverluste auf landwirtschaftlich genutzten Flächen weitaus größer. Derzeit werden auf der Erde jährlich etwa 50 bis 60 Millionen Tonnen Stickstoff als Mineraldünger in landwirtschaftliche Böden eingebracht; das ist fast das Zehnfache derjenigen Stickstoffmenge (6—9 Mill. t N), die für eine ausreichende Proteinversorgung der gegenwärtigen Weltbevölkerung nötig wäre (Bolin & Arrhenius, 1977).

Substanzverluste durch Ernte, Erosion durch Wind und Niederschläge, denen der nackte Ackerboden ausgesetzt ist, führen zu starker Stickstoffverarmung im Boden. Können die bei den Ammonifizierungs- und Nitrifizierungsprozessen gebildeten löslichen N-Verbindungen (an erster Stelle Nitrate) nicht sofort von den Wurzeln einer Pflanzendecke aufgenommen werden, so gehen sie rasch durch Verflüchtigung und Auswaschung verlustig. Die Zugabe von — bisher stets in leicht löslicher Form produziertem — Mineraldünger beschleunigt außerdem die Oxydation des organischen Bodenstickstoffs und trägt dadurch zu dessen verstärktem Abbau bei.

Abbildung 63 stellt die Umsetzungs- und Verlustprozesse dar, die eine gegebene Mineraldüngergabe (100 Einheiten) in einem modernen Landwirtschafts-Ökosystem erfährt.

In Gewässer-Ökosystemen spielen sich grundsätzlich die gleichen Vorgänge ab wie auf dem Land, nur treten an die Stelle des Oberflächenabflusses die Verluste durch Sedimentation. Erhebliche Unterschiede bestehen in der vorhandenen Biomasse: Sie ist bei den Landorganismen mit etwa 10 Milliarden Tonnen mehr als 30mal größer als in den Gewässern (ca. 300 Mill.

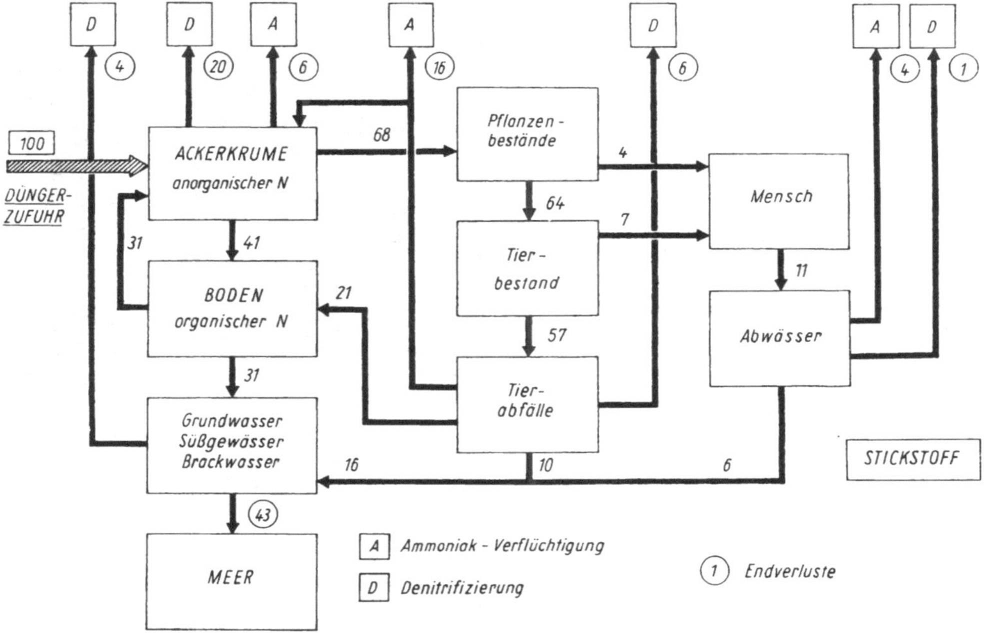

Abb. 63. Stoffumsetzungen von anorganischem Stickstoffdünger in einem modernen Agroökosystem. — Relativwerte in Prozenten. Nach BOLIN & ARRHENIUS (1977) — verändert

t N). Dagegen liegt der mit der Primärproduktion verbundene jährliche Stickstoffumsatz zu Lande und im Wasser in derselben Größenordnung von 2 bis 4 Milliarden Tonnen. Daraus folgt, daß die durchschnittliche Stickstoffumsatzrate für die pflanzliche Biomasse in den Gewässern sehr viel kürzer ist (monatlich) als auf dem Land (alle 5 Jahre).

Orientierende Zahlen über die Größenordnung des globalen N-Umsatzes enthält Abb. 64, berechnet pro m^2 Erdoberfläche. Für das Jahr 1970 wurde folgender Stickstoffeintrag in terrestrische Ökosysteme geschätzt (Bolin & Arrhenius, 1977): 140 Mill. t durch biologische Aktivitäten, 40 Mill. t durch industrielle Prozesse (davon 35 Mill. t als Mineraldünger und 5 Mill. t andere Verbindungen), sowie 20 Mill. t durch Verbrennungsvorgänge.

6.3.2. Eingriffe des Menschen und ihre Folgen

Die wesentlichsten Eingriffe des Menschen in den natürlichen Stickstoffkreislauf entstehen durch Land- und Forstwirtschaft, Verbrennungsprozesse und Abfallaufbereitung.

Der natürliche Stickstoffeintrag im Boden durch biologische N-Fixierung über Bakterien und Blaualgen, durch Humusbildung und durch Zersetzung menschlicher und tierischer Abfälle liefert in der Regel schwer lösliche, nur allmählich abbaufähige Substanzen, und damit einen für die Pflanzen langfristig verfügbaren Vorrat, von dem nur wenig verlorengeht. Nitrifizierung und Denitrifikation halten einander annähernd die Waage.

Wie bereits oben erwähnt, arbeitet die moderne Landwirtschaft jedoch bevorzugt mit industriell hergestellten Mineraldüngern, die sämtlich gut wasserlöslich sind und — besonders in den industrialisierten Ländern zur Erzeugung von Höchsterträgen — in weit größeren Mengen in den Boden gebracht werden, als die Pflanzen kurzfristig aufnehmen können. Das führt nicht nur zu den schon genannten Auswaschungsverlusten, sondern die nachteiligen Folgen wirken sich in mehrfacher Hinsicht aus:

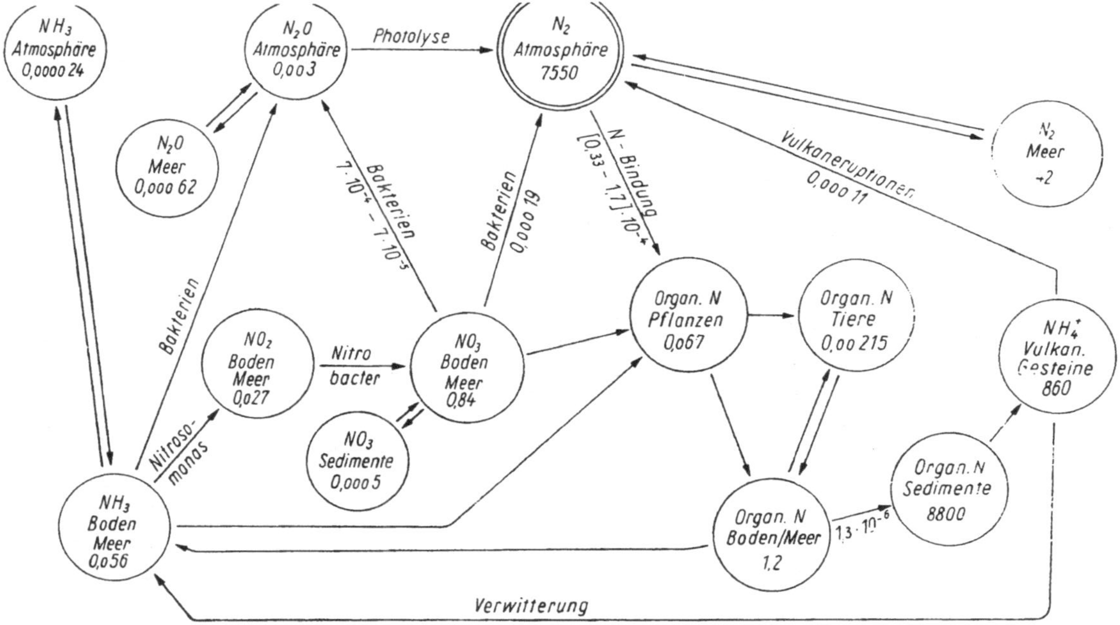

Abb. 64. **Biogeochemischer Kreislauf des Stickstoffs. – In Anlehnung an Bowen, aus Whittaker (1970). – Zahlen innerhalb der Kreise: gespeicherter N-Vorrat (in kg pro m² Erdoberfläche); entlang der Pfeile: Umsetzungsraten (in kg pro m² Erdoberfläche und Jahr)**

Zunächst unterdrückt ein zu hohes Angebot an mineralischem Stickstoff die biologische N-Fixierung im Boden. Außerdem gelangen mit der Bodenauswaschung die löslichen N-Verbindungen (meist Nitrate, Harnstoff, Ammoniumsalze) in das Grundwasser und von dort in die Oberflächengewässer. Dort verursacht der steigende Stickstoffgehalt — vermehrt um die Phosphatanreicherung aus Abwässern — eine rapide Eutrophierung mit all ihren schädlichen Folgen: wuchernde Überhandnahme von Wasserpflanzengesellschaften, insbesondere Algenanhäufung, Verarmung an Sauerstoff, dadurch Absterben von Fischen und anderen Wassertieren, ungenügende Zersetzung der abgestorbenen Tier- und Pflanzenkörper, dadurch Vorschub für Reduktions- und Denitrifizierungsprozesse, da bei dem Mangel an gelöstem Sauerstoff im Wasser dieser den Nitraten entzogen wird. Als Ergebnis entsteht nicht nur eine merklich verschlechterte Wasserqualität (insbesondere durch die Tätigkeit von Blaualgen), sondern auch ein beträchtlicher Anstieg nitroser Gase, die zum Teil in die Atmosphäre entweichen.

Als weitere Folge einer Überdüngung land- und forstwirtschaftlicher Kulturen mit mineralischem Stickstoff wird bereits in den betreffenden Böden die Aktivität der denitrifizierenden Bakterien verstärkt, die sich den Überschuß an verfügbaren, nicht von den Pflanzenwurzeln aufgenommenen Stickstoffverbindungen zunutze machen. Unter den gasförmigen Produkten dieser Denitrifizierung fallen auch — wenngleich zunächst in geringer Menge — nitrose Gase, wie *Stickstoffdioxid* (NO_2) und *Stickoxid* (NO) an. Schätzungsweise 1 bis 6% des in der Landwirtschaft ausgebrachten mineralischen N-Düngers gehen auf diese Weise in Form von Stickstoffoxiden in die Atmosphäre zurück, werden dort zwar zum größten Teil von den Niederschlägen und Luftströmungen abgefangen, gelangen aber zum Teil bis an die Grenze der Stratosphäre. Das bedeutet bei einer derzeitigen Weltproduktion von 50—60 Mill. t N an Mineraldünger, daß etwa 3 Millionen Tonnen Stickstoff in Form nitroser Gase jährlich allein von den mit Mineraldünger behandelten Land- und Forstwirtschaftsflächen in die Luft entweichen.

Diese Menge an nitrosen Gasen wird noch verstärkt durch die N-haltigen Abgase, die bei der Verbrennung von Holz, Kohle, Torf, Müll und anderen Abfällen, sowie aus den vielfältigen Industrieprozessen entstehen. Schätzungsweise 4 bis 12 Mill. Tonnen Ammoniak fallen z. B. jährlich allein aus Verbrennungsöfen an. Bei unvollständiger Verbrennung, z. B. Tabakrauchen, entsteht eine Vielzahl weiterer, meist giftiger Stickstoffverbindungen, die in der Luft zumindest für gewisse Zeit schweben bleiben und sich dort mitunter zu gefährlicher Konzentration anreichern können. Da nitrose Gase vor allem Lungen und Atemwege schädigen, häufen sich in Industriegebieten die entsprechenden Krankheiten. Zu hoher Nitratgehalt im Trinkwasser und in der pflanzlichen Kost — wiederum als Folge der Überdüngung mit mineralischem Stickstoff — führt im Mundspeichel und Magensaft zur Bildung hochgiftiger *Nitrite*, die blutzerstörend wirken können (*Methämoglobinämie*). Besonders Weidetiere können davon betroffen werden. Nitrite können außerdem mit den im Zuge der natürlichen Eiweißab- und umbauvorgänge entstehenden Aminen zusammen *Nitrosamine* bilden, die durch ihre krebserregende Wirkung gefürchtet sind.

Als letzte, hier genannte Gefahr des Überhandnehmens nitroser Gase in der Atmosphäre sei deren zerstörende Wirkung auf *Ozon* erwähnt. Die an der Grenze zur Stratosphäre liegende Ozonschicht ist das Ergebnis der Umbildung von O_2 in O_3 durch die Einwirkung der Sonnenstrahlung. Diese Ozonschicht läßt den größten Teil der kurzwelligen, lebenszerstörenden ultravioletten Strahlung aus dem Sonnenspektrum nicht bis zur Erdoberfläche vordringen und ermöglicht dadurch erst das Leben auf dem Festland. Durch Einwirkung der Stickstoffoxide, vor allem NO, wird Ozon wieder in normale Sauerstoffmoleküle umgewandelt. Im natürlichen globalen Stickstoffkreislauf steigen nur geringe Mengen nitroser Gase bis zur Stratosphäre auf und zerstören dort etwa gerade so viel Ozon, wie durch die Sonnenstrahlung ständig neu gebildet wird. Damit herrscht ein ausgewogenes Gleichgewicht zwischen Ozonaufbau und -abbau und sichert eine stabile Ozonschutzschicht über der Erde. Wenn jedoch aus Verbrennungs- und Denitrifikationsprozessen immer größere Mengen nitroser Gase in die Atmosphäre gelangen (etwa das Fünffache der heutigen Konzentration im Jahre 2000 bei Fortsetzung der bisherigen Stickstoffpolitik), dann entsteht die Gefahr, daß mehr Ozon zerstört wird, als von der Sonne regeneriert werden kann. Diese Gefahr wird dadurch akut verstärkt, wenn größere Mengen moderner Flugzeuge mit Strahltriebwerken bis in Stratosphärenhöhe aufsteigen und dort ihre Verbrennungsgase ausstoßen. Selbst wenn die derzeitige Ozonschicht nur um wenige Prozent verringert wird, so würde das eine bedenklich verstärkte Einstrahlung von kurzwelligem ultraviolettem Licht auf die Erdoberfläche zur

Folge haben, mit zunächst nur vermutbaren katastrophalen Auswirkungen auf die Lebensprozesse in Form von unkontrollierbaren Störungen vor allem bei den Eiweißbildungs- und -umwandlungsvorgängen, besonders in den Keimzellen, bei den Vererbungsvorgängen, Enzymprozessen u. v. a.

Die wenigen, hier angeführten Zusammenhänge machen deutlich, welche Schäden der unbedachte Eingriff des Menschen in den natürlichen Stickstoffkreislauf auf der Erde bereits angerichtet hat und welche Gefahren drohen. Ohne Zweifel wurde durch die bisher praktizierte, konzentrierte Anwendung mineralischer N-Dünger eine beachtliche Ertragssteigerung in der Landwirtschaft erreicht, aber die benutzte Technologie erwies sich als zu kurzsichtig, weil mit ihren ökonomischen Überlegungen zu einseitig auf den Nutzen des Produzenten konzipiert. Die sonstigen nachteiligen Auswirkungen in Natur und Gesellschaft werden dabei nicht berücksichtigt. Noch besteht für die Erdbevölkerung keine echt lebensbedrohende Situation. Wenn eine solche auch für alle Zukunft vermieden werden soll, bedarf es jedoch weltweit einer grundlegenden Änderung in der Stickstoffstrategie in Landwirtschaft und Industrie, mit Entwicklung neuer Technologien, die eine ausreichende N-Versorgung der Pflanzenbestände und Eiweißernährung der Menschheit sichern, ohne daß die Umwelt geschädigt wird.

6.4. *Kreislauf des Wassers*

6.4.1. *Globaler Wasserumsatz*

Der Gesamtwasservorrat auf der Erde ist in der Abbildung 65 dargestellt. Nahezu 98% davon entfallen auf die Weltmeere, etwa 1,7% sind in den Eiskappen der Polarkontinente und den Gletschern der Hochgebirge eingefroren, und nur etwa 0,3% verteilen sich als flüssiges Wasser über das Festland; auch davon bleibt der weitaus größte Teil als Grundwasser in der Tiefe.

Der jährliche Wasserkreislauf zwischen Erdoberfläche und Atmosphäre beträgt nur knapp 0,04% des Gesamtvorrats, umfaßt aber immerhin 513 Billionen Tonnen und stellt damit den größten Stoffumsatz auf der Erde dar. Diese Wassermenge verdunstet jährlich von Meer und Festland und kehrt als Niederschlag zurück, was einer durchschnittlichen jährlichen Regenhöhe von 1010 mm

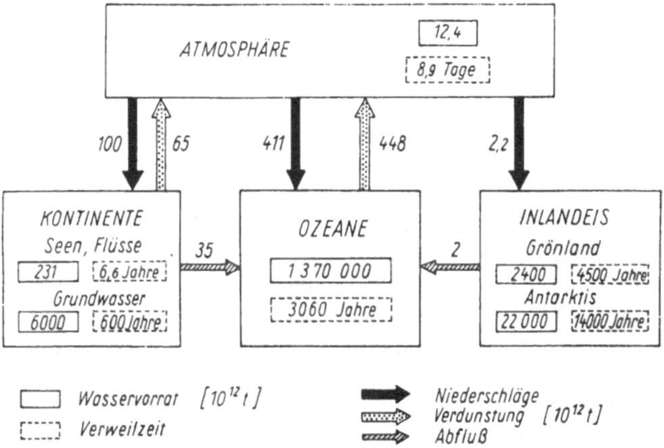

Abb. 65. Globaler Wasserumsatz auf der Erde. – Nach Angaben von LVOVICH, nach FLOHN (1973), verändert

für die gesamte Erdoberfläche entspricht. Diese Verdunstung verbraucht eine Energie von fast 80 W/m², und damit nahezu 84% der gesamten Strahlungsbilanz an der Erdoberfläche (95,5 W/m²), fordert somit auch den größten Energieumsatz auf der Erde. Da in der Atmosphäre selbst nur ein verschwindend kleiner Bruchteil (0,001%) des Gesamtwasserbestandes der Erde vorhanden ist, ergibt sich eine hohe Umsatzrate. Ein Wassermolekül bleibt durchschnittlich 9 Tage in der Luft, bevor es wieder ausregnet; d. h. der gesamte, in der Atmosphäre vorhandene Wasserdampf wird rund 40 mal im Jahr erneuert. Das bedeutet, daß täglich nahezu 1,4

Billionen Tonnen Wasser durch Niederschlag oder Verdunstung umgesetzt werden.

Dagegen erscheint die Verweilzeit in den Gewässern weitaus länger und beträgt im Meer etwa 3000 Jahre, was allerdings nur die Tiefenschicht betrifft. In der etwa 200 Meter mächtigen Oberflächenschicht dürfte sie bei 200 Jahren liegen.

Der Wasserhaushalt von Meer und Festland ist dabei nicht flächenproportional. Die Kontinente, mit etwa 29% der Gesamtoberfläche, empfangen rund 20% der Gesamtniederschläge, verdunsten aber nur 13%; der Rest fließt über die Oberflächengewässer direkt ins Meer zurück.

Die hier wiedergegebenen Zahlen (FLOHN 1973) sind nicht konstant und deuten auch nur die Größenordnung des Wasserumsatzes an. Die Angaben der verschiedenen Autoren weichen mitunter beträchtlich (bis zu 20%) voneinander ab, teils auf Grund unterschiedlicher Meß- oder Schätzmethoden, teils als Folge der erheblichen globalen Schwankungen in den natürlichen geophysikalischen Abläufen, die nicht einmal für die ozeanische Verdunstung einen gleichbleibenden Jahreswert zulassen. Noch stärker sind die Schwankungen auf dem Festland, wo zudem große regionale Unterschiede herrschen, die teilweise durch das Eingreifen des Menschen noch ausgeweitet werden.

6.4.2. Eingriffe des Menschen

Der Wasserhaushaltscharakter einer gegebenen Festlandsregion wird durch das Verhältnis zwischen Niederschlagsmenge und Verdunstung bestimmt (vgl. Teil I, S. 55). Davon hängt grundsätzlich auch die verfügbare Wassermenge für den Verbrauch durch die menschliche Gesellschaft ab, deren ständiges Wirtschafts- und Bevölkerungswachstum bereits zu erheblichen Eingriffen in den natürlichen Wasserkreislauf geführt hat.

In den *humiden* Gebieten erscheint auf den ersten Blick noch kein Anlaß zu Besorgnis, wenn man nur die Menge des benötigten Wassers in Betracht zieht. Als Beispiel zeigt Abbildung 66 die Wasserbilanz eines mitteleuropäischen Industriestaates. Der Trink- und Brauchwasserbedarf beträgt nur einen Bruchteil des im Grund- und Oberflächenwasser vorhandenen Gesamtbestandes. Entscheidend ist aber hier nicht die Menge, sondern die Qualität des nutzbaren Wassers, die als Folge der wachsenden Industrialisierung und Landwirtschafts-Chemisierung rapide absinkt, so daß nicht nur das Trinkwasser, sondern vielerorts auch das Brauchwasser vor seiner Verwendung mit hohem Kosten- und Energieaufwand gereinigt werden muß.

Die in der Abbildung 66 dargestellten Durchschnittswerte für das Gesamtgebiet eines Staates geben auch keinen Einblick in die kritische Situation der industriellen Ballungsgebiete, die in der Regel auch dicht besiedelt sind, so daß dort nicht nur die Gewässerverunreinigung sehr viel stärker ist als in den übrigen Landstrichen, sondern auch die Menge des verfügbaren Wassers droht vielfach bereits zum begrenzenden Faktor für die weitere Wirtschaftsentwicklung zu werden. Auf jeden Fall muß in derartigen Gebieten bereits jetzt die vorhandene Wassermenge mehrfach genutzt und damit jedesmal mit hohem Kostenaufwand erneut aufbereitet werden.

Für den Gesamtwasserhaushalt dieses Gebietes entstünde dadurch noch kein Problem, wenn das verbrauchte Wasser wieder in gereinigter Form in den Abfluß zurückgeführt würde. In Wirklichkeit wird jedoch auch die verfügbare Menge an flüssigem Wasser durch Verbrauch und gesteigerte Verdunstung ständig verringert. Zur Zeit ist die jährliche Wasserentnahme für das Ruhrgebiet um etwa 360 Millionen Tonnen höher als die Rückgabe an die Flüsse; das entspricht einer Verdunstung von 140 mm, zusätzlich zur natürlichen Gebietsverdunstung von 420 mm, also eine Steigerung der Wasserverluste um ein Drittel (Flohn 1973).

Neben diesem unmittelbar erhöhten Wasserverbrauch steigt die schleichende Verdunstung. Die Wärmebelastung der Gewässer durch Kraftwerke und andere industrielle Prozesse erhöht die Wassertemperatur, damit auch den Dampfdruck und verstärkt die Verdunstung. Wenn z. B. für den Rhein eine Übertemperatur von 2—4 °C gegenüber der Luft gemessen wurde, so verdoppelt sich dadurch die Verdunstung von der Wasseroberfläche, im Vergleich zur Temperaturgleichheit mit der Umgebung. Steigt die Wärmebelastung der Gewässer noch weiter an, so muß eine sprunghaft erhöhte Verdunstung er-

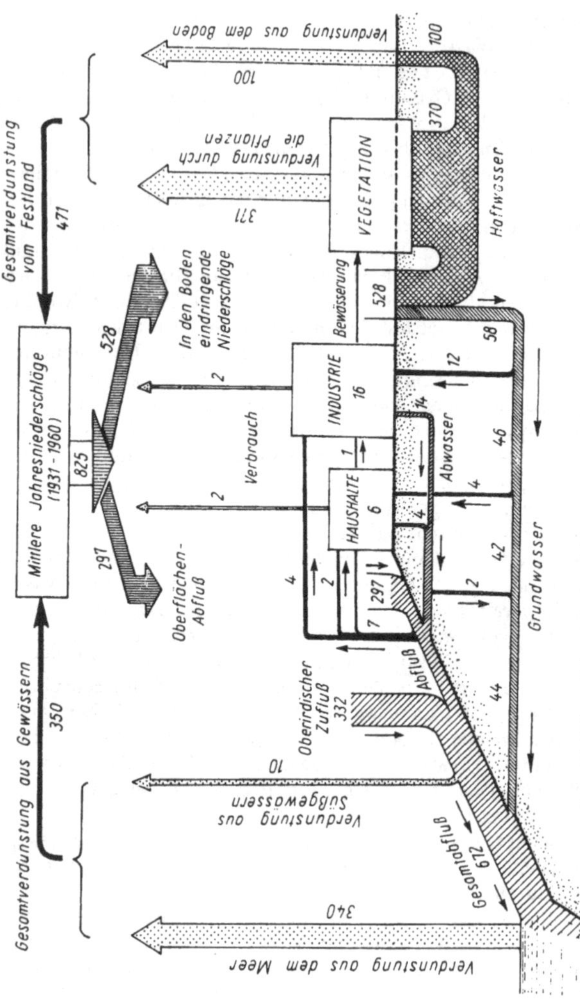

Abb. 66. Wasserbilanz eines mitteleuropäischen Industriestaates am Beispiel der Bundesrepublik Deutschland. – Nach Angaben von KELLER (1971). – Alle Zahlen in mm Jahresniederschlagshöhe

wartet werden, da der Sättigungsdampfdruck exponentiell mit der Temperatur zunimmt. Solche Verluste, die dann das Zehn- bis Zwanzigfache der bisherigen Werte erreichen können, machen sich deutlich im Gesamtwasserhaushalt bemerkbar, besonders bei Niedrigwasser und während der kalten Jahreszeit, wenn die Temperaturspanne zwischen Wasser und Luft am größten ist. Als zusätzliche Folge dieser Verdunstungsverluste steigt zwangsläufig die Konzentration der Verschmutzungsstoffe im verbleibenden Gewässerbestand.

Andererseits können große Industrie- oder Siedlungszentren in ihrer unmittelbaren Umgebung erhöhte Niederschläge verursachen, vor allem in Form von Starkregenfällen, bedingt sowohl durch die Anhäufung von Kondensationskernen in der Atmosphäre als Folge der Verunreinigung durch Staub und chemische Substanzen, als auch durch die Zufuhr von Wärme und Wasserdampf, die die Stabilität der Wolken stören. Diese gehäuften Regenfälle bedeuten jedoch keine zusätzliche Wasserversorgung des betreffenden Einzugsgebietes, da sie sich meist auf einen eng begrenzten Raum beschränken und nur eine örtliche Umverteilung des Wassers darstellen. Die Gesamtniederschlagsmenge eines Gebietes hängt von der großräumigen Zufuhr von Wasserdampf ab, der in seiner Hauptmasse über dem Meer und den großen Vegetationsflächen des Festlandes entsteht, auf dessen Bildung somit eine lokale Industrie- oder Siedlungsballung praktisch keinen Einfluß hat. Wenn von dieser Gesamtwasserdampfmenge an einer gegebenen Stelle etwas mehr ausregnet, so fehlt dieses Quantum an anderer Stelle in der weiteren Umgebung, wo sie sonst auf natürliche Weise niedergegangen wäre. Gleiches gilt für die künstliche Regenerzeugung durch Wolkenimpfung mit chemischen Stoffen. Dadurch kann zwar in einem örtlich eng umgrenzten Bereich die Wasserzufuhr gesteigert werden, diese Menge fehlt aber dann in anderen, oft ohnedies bereits wasserbedürftigen Gegenden. Werden von einem solchen Niederschlagsraub auch noch andere Länder in Mitleidenschaft gezogen, so können dadurch schwere völkerrechtliche Probleme und politische Gefahren entstehen.

Besonders kritisch sind die Wasserprobleme in den *ariden* und *semiariden* Gebieten, wo die jährliche Niederschlagsmenge kleiner ist als die potentielle Verdunstung. In solchen Regionen ist flüssiges Wasser nur verfügbar, wo es sich auf Grund besonderer geographischer oder geologischer Bedingungen ansammeln kann (Oasen, Senken, undurchlässige Bodenschichten, Grundwasservorräte, u. a.). Die Ernährung der ständig wachsenden Weltbevölkerung macht es jedoch erforderlich, auch die Trockengebiete der Erde für die landwirtschaftliche Produktion stärker zu nutzen als bisher. Neben den bisher bestehenden landwirtschaftlichen Flächen gibt es schätzungsweise noch weitere 30 Millionen km^2 anbaufähigen Landes, davon fast zwei Drittel in Klimazonen mit 6 bis 12 Monaten Trockenzeit. Hier kann nur mit künstlicher Bewässerung gearbeitet werden. Sofern dafür nicht geeignete Flüsse erreichbar sind (z. B. Niltal), wird heute vielfach auf fossiles Grundwasser zurückgegriffen, das sich in den vergangenen Jahrtausenden, vor allem während der Eiszeit, angesammelt hat. Dieser Vorrat kann aber heute nicht mehr erneuert werden und wird damit in absehbarer Zeit erschöpft sein, zumal in den betreffenden Gebieten auf Grund der zunehmenden Bevölkerungsdichte und modernisierter Landwirtschaftstechnik auch mit ständig steigendem Wasserverbrauch gerechnet werden muß. Für die Zukunft wird somit die großtechnische Entsalzung des Meerwassers unabdingbar werden, trotz des heute noch sehr hohen Energieaufwandes (derzeit 47 kWh/m^3).

Insgesamt hat die Weltwirtschaftsentwicklung der letzten Jahrzehnte dazu geführt, daß das Süßwasser, einst für unbegrenzt verfügbar und damit weithin für praktisch wertlos gehalten, heute — zumindest in den dicht besiedelten Regionen — zu einem der kostbarsten Rohstoffe geworden ist, dessen Erhaltung und sinnvolle Verwendung zu einem der obersten Gebote für die Versorgung der Menschheit gehört.

7. Pflanzenproduktion und Welternährung

7.1. Die Produktivität der Pflanzendecke auf der Erde

Die vorausschauende Sorge um die Sicherung der Lebens- und Ernährungsgrundlagen für die künftigen Generationen hat in jüngster Zeit mehrere großangelegte internationale Forschungsprogramme (*Internationales Biologisches Programm, Mensch und Biosphäre,* u. a.) ins Leben gerufen, mit dem Ziel, Ökologie und Produktivitätsgrundlagen der verschiedenen Erdregionen näher zu untersuchen. Die Fülle der dabei bisher erreichten Teilergebnisse, die Fortschritte in der systemtheoretischen Analysenmethodik, sowie der Computertechnik haben nun auch die Möglichkeiten geschaffen, synthetisierende Gesamtbetrachtungen anzustellen und mit Hilfe von Hochrechnungen Aussagen über die Produktivität der Pflanzendecke auf der ganzen Erde zu treffen sowie entsprechende Produktivitäts-Weltkarten zu entwerfen (Tab. 19, Abb. 67, 68).

Viele dieser Daten tragen zweifellos noch provisorischen Charakter, auch weichen die Literaturangaben verschiedentlich voneinander ab, doch lassen sich bereits wertvolle Überblicke gewinnen.

Von der gesamten, auf etwa 155 Milliarden Tonnen Trockenmasse geschätzten jährlichen Primärproduktion der Pflanzenwelt entfallen fast zwei Drittel ($100 \cdot 10^9$ t) auf das Festland, einschließlich der 5 Mrd. t für die Primärproduktion der Binnengewässer. Der Rest mit 55 Mrd. t wird in den Weltmeeren produziert (LIETH 1972).

Die höchsten Produktivitätswerte finden sich erwartungsgemäß dort, wo uneingeschränkte Wasserversorgung mit günstigem Temperatur- und Nährstoffangebot zusammenfallen, also in den tropischen Regenwäldern, in flachen Süßgewässern und Küstenregionen, insbesondere auf Korallenriffen und in Brackwasserzonen. Die begrenzten, oft nur spärlichen Wasservorräte

Tabelle 19

Produktivität der Pflanzendecke auf der Erde (nach LIETH 1972)

	Fläche	Jährliche Primärproduktion			Jährliche Energie-Fixierung	
	10^6 km²	Spanne g/m²	Mittel g/m²	Gesamt 10^9 t	pro m² 10^3 kcal	Gesamt 10^{15} kcal
Festland	149,0		669	100,2		426,1
Wälder	50,0		1290	64,5		277,0
Tropischer Regenwald	17,0	1000–3500	2000	34,0	8,2	139,4
Regengrüner Wald	7,5	600–3500	1500	11,3	6,3	47,2
Sommergrüner Wald	7,0	400–2500	1000	7,0	4,6	32,2
Hartlaubgehölze	1,5	250–1500	800	1,2	3,9	5,9
Warmtemperierte Wälder	5,0	600–2500	1000	5,0	4,7	23,5
Borealer Wald	12,0	200–1500	500	6,0	2,4	28,8
Waldland	7,0	200–1000	600	4,2	2,8	19,6
Niedriges und offenes Gestrüpp	26,0		90	2,4		10,2
Tundra	8,0	100– 400	140	1,1	0,6	4,8
Buschwüste	18,0	10– 250	70	1,3	0,3	5,4
Grasland	24,0		600	15,0		60,0
Tropisches Grasland	15,0	200–2000	700	0,15	2,8	42,0
Temperiertes Grasland	9,0	100–1500	500	4,5	2,0	18,0

Wüsten	24,0		1			0,1
Trockenwüste	8,5	0–10	3			0,1
Eiswüste	15,5	0–1	0			0
Kulturland	14,0	100–4000	650	9,1	2,7	37,8
Binnengewässer	4,0		1250	5,0		21,4
Sumpf und Moor	2,0	800–4000	2000	4,0	8,4	16,8
Seen und Flüsse	2,0	100–1500	500	1,0	2,3	4,6
Ozeane	361,0		155	55,0		260,8
Riffe und Brackwasser	2,0	500–4000	2000	4,0	9,0	18,0
Küstenzonen	26,6	200–600	350	9,3	1,6	42,6
Offenes Weltmeer	332,0	2–400	125	41,5	0,6	199,2
Auftriebszonen	0,4	400–600	500	0,2	2,5	1,0
Gesamte Erde	510,0		303	155,2		686,9

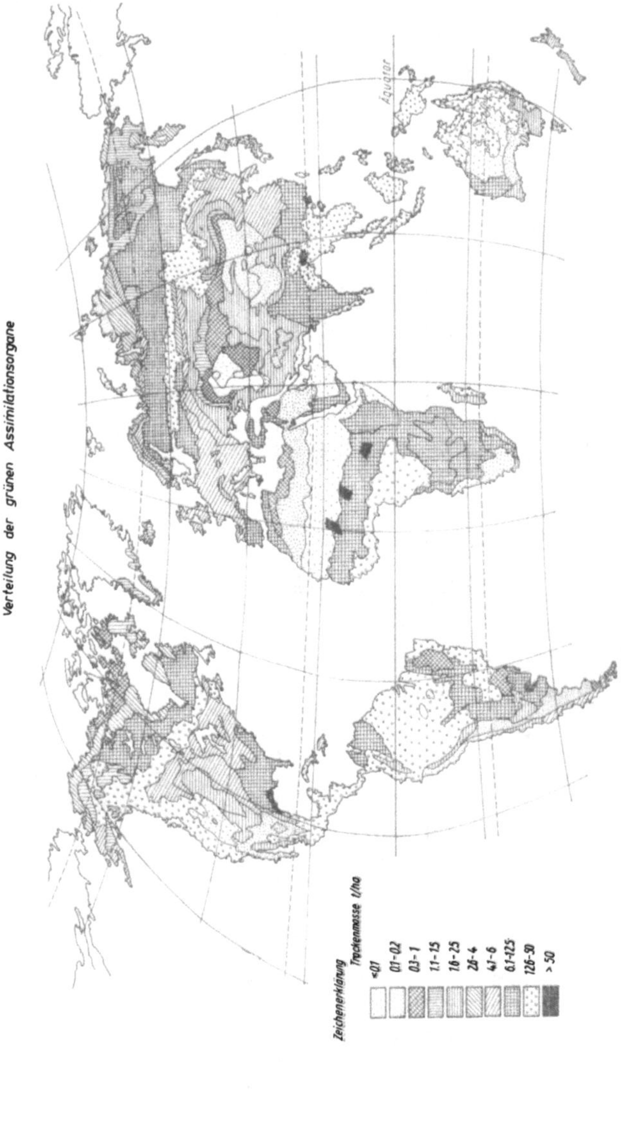
Verteilung der grünen Assimilationsorgane
Äquator
Zeichenerklärung
Trockenmasse t/ha
<0.1
0.1-0.2
0.3-1
1.1-1.5
1.6-2.5
2.6-4
4.1-6
6.1-12.5
12.6-50
> 50

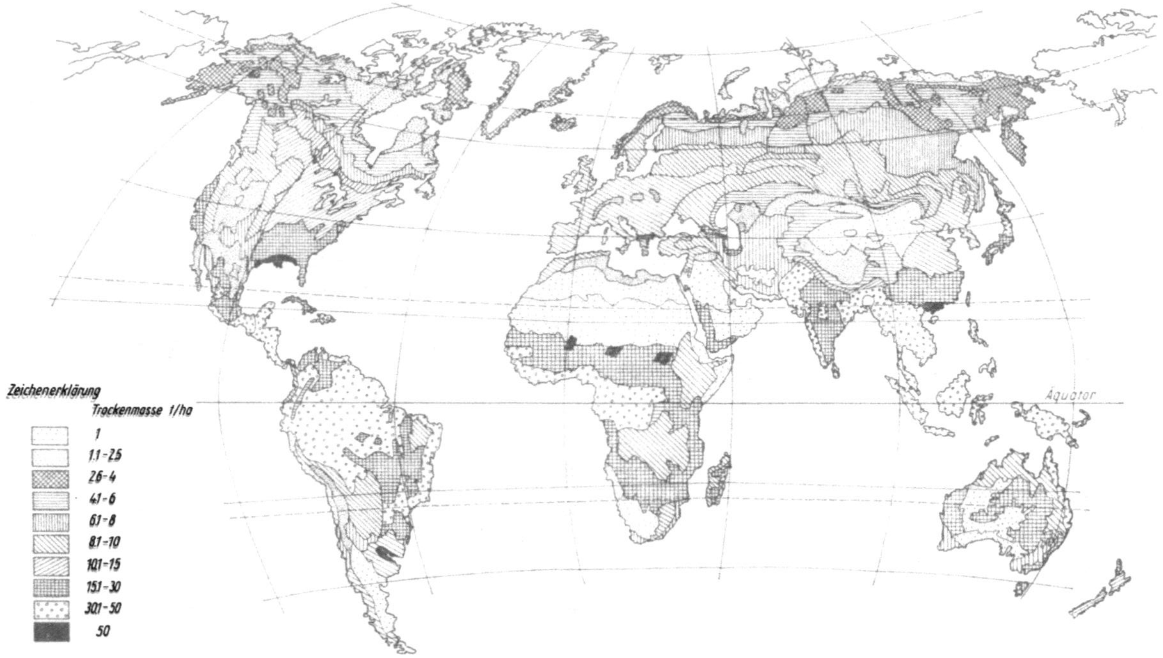

Abb. 68. Jahresproduktion an pflanzlicher Biomasse auf der Erde. — Nach BAZILEVICH & al., 1971, verändert

in weiten Bereichen der Kontinente gestatten dort nur eine mittelmäßige bis dürftige Pflanzenproduktion. In den Polargebieten und Hochgebirgen schränken Kälte und verkürzte Vegetationsperiode die Produktivität der Pflanzen ein.

In den Ozeanen bieten die warm-gemäßigten Klimagürtel (zwischen 40 und 60° nördl. und südl. Breite) die günstigsten Produktionsbedingungen für die dort lebenden Wasserpflanzen, wogegen die tropischen Meere zu arm an Nährstoffen sind.

Diese allgemeinen Merkmale gelten jedoch nur für den Durchschnitt großer Regionen. Insbesondere wechseln auf dem Festland die Voraussetzungen für die Stoffproduktion oft auf sehr kurze Entfernung, als Folge unterschiedlicher Boden-, Strahlungs- und Wasserverhältnisse. Vor allem können durch intensive landwirtschaftliche Maßnahmen örtlich Erträge erreicht werden, die weit über die Ziffern der berechneten Primärproduktivität hinausgehen.

7.2. Ökologische Wege und Ziele moderner Ertragssteigerung

Legt man die in Tabelle 19 zusammengestellten Werte zugrunde, so werden auf dem Festland der Erde jährlich rund 100 Milliarden Tonnen an pflanzlicher Trockenmasse produziert, und dadurch etwa $426 \cdot 10^{15}$ kcal an Energie gebunden, das sind im Durchschnitt weniger als 0,5% der gesamten auf die Festlandsoberfläche eingestrahlten Summe an photosynthetisch nutzbarer Sonnenenergie (0,4—0,7 μ). Dieser durchschnittliche Ausnutzungsgrad ist äußerst niedrig. Zwar können die Einzelblätter die gebotene Sonnenenergie oft weit intensiver für die Photosynthese ausnutzen; sie arbeiten mit einem Wirkungsgrad von 5—10%, können unter günstigen Umständen auch 15%, bei C_4-Pflanzen bis zu 24% erreichen, aber da sie stets einen mehr oder minder großen Ballast an nichtgrüner Pflanzenmasse mit versorgen müssen, bleibt der Ausnutzungsgrad für die gesamten Pflanzenbestände meist unter 1%. Nur hochproduktive Laubwälder, Röhrichtgesellschaften und landwirtschaftliche Intensivkulturen erreichen Werte zwischen 1 und 2, stellenweise auch darüber (manche Reiskulturen bis 6%).

Insgesamt gehen in der Regel weit mehr als 95% der für die Photosynthese verwertbaren Strahlungsenergie verloren. Diesen niedrigen Ausnutzungskoeffizienten für die Stoffproduktion zu erhöhen, bleibt Hauptziel der gegenwärtigen und künftigen Anstrengungen.

Zur Zeit ist noch keine Möglichkeit abzusehen, die Effektivität (Quantenausbeute) der Photosynthese-Grundprozesse direkt zu erhöhen; dies muß zukünftiger Forschung vorbehalten bleiben. Gegenwärtig sind jedoch bei weitem noch nicht alle Möglichkeiten ausgeschöpft, die gegebenen Umweltbedingungen rationeller zu nutzen. Dies gilt besonders für die derzeit noch mit überwiegend niedriger Produktivität arbeitende tropische Landwirtschaft.

Eine Betrachtung der Produktivitätsverhältnisse stößt dort immer wieder auf einen scheinbar paradoxen Widerspruch: Einerseits erscheinen auf den Produktivitäts-Weltkarten (Abb. 67, 68) die Tropengürtel mit den höchsten potentiellen Leistungskennziffern gekennzeichnet, so daß dort pro Quadratmeter und Jahr mehr als 2000 Gramm an organischer Trockensubstanz produziert werden können, im Vergleich zu Werten zwischen 1000 und 1500 Gramm für den überwiegenden Teil der Agrargebiete in den gemäßigten Klimazonen. Demgegenüber liegen jedoch die tatsächlichen Hektarerträge in der tropischen Landwirtschaft, von Ausnahmen einiger intensiv betriebener Exportkulturen („cash crops") abgesehen, meist erschreckend niedrig und weit unter dem Vergleichsniveau der Landwirtschaftskulturen im gemäßigten Klima. Die niedrige Produktivität im größten Teil der tropischen Landwirtschaft wird um so bedrohlicher, als gerade in den Tropenländern die Bevölkerungsziffern von Jahr zu Jahr ansteigen und dort nach wie vor heute noch Hunderte Millionen von Menschen unterernährt leben oder sogar an Hunger sterben.

Die Ursachen für diese Zustände sind in erster Linie sozialökonomischer Natur und müssen zum überwiegenden Anteil in den Versäumnissen einer verfehlten Kolonialpolitik gesucht werden, indem die früheren Kolonialmächte in den von ihnen beherrschten Tropenländern keine Notwendigkeit sahen, Kosten für Forschung, Entwicklung und vor allem Ausbildung von Fachkräften für eine eigenständige, den spezifischen ökologischen Bedingungen der jeweiligen Gebiete angepaßte Landwirtschaft zu investieren. Damit lassen sich die niedrigen Hektarerträge in der heutigen tropischen Landwirtschaft fast immer auf eine oder mehrere der folgenden Ursachen zurückführen:

- Unzureichende, zuweilen noch archaische Agrotechnik.
- Fehlende oder ungenügende Züchtungsmaßnahmen. Die angebauten heimischen Sorten haben meist ein niedriges Ertragspotential, oder zu geringe Keimkraft.
- Unzureichender Schutz gegenüber einer gesteigerten Vielfalt von Krankheiten und Schädlingen, die sich unter den tropischen Witterungsbedingungen besonders kräftig vermehren.
- Mangelhafte und weithin gänzlich fehlende Kenntnisse über die optimalen ökologischen Bedingungen, unter denen die jeweiligen Kulturen angebaut werden müssen, um ihr genetisch gegebenes Leistungspotential voll auszuschöpfen.

Zur Überwindung dieser Schwierigkeiten und Versäumnisse — eines der Hauptprobleme der heutigen Entwicklungsländer — muß aus ökologischen Gründen die Hauptarbeit in den betreffenden Gebieten selbst geleistet werden. Landwirtschaftliche Erfahrungen und Methoden, die in den wissenschaftlich und technisch weiter fortgeschrittenen Industrieländern, d. h. in Gebieten mit gemäßigtem Klima, gewonnen wurden, lassen sich meist nicht oder nur mit größter Vorsicht auf tropische Regionen übertragen, weil sie unter den dortigen Klima- und Bodenbedingungen oft nicht anwendbar sind.

Nachfolgend seien einige Problemkreise zusammengefaßt, wo technische Bemühungen und ökologische Forschung angesetzt werden sollten, um die heute stellenweise noch niedrigen Landwirtschaftserträge zu steigern, jeweils unter bestmöglicher Nutzung der gegebenen Umweltbedingungen.

1. Optimale Nutzung der Sonnenenergie für die pflanzliche Stoffproduktion und Ertragsbildung.

   Dies läßt sich in der agrotechnischen Praxis auf mehreren Wegen erreichen.

   (a) Züchtung von Sorten mit geringerer Atmungsintensität, nach Möglichkeit ohne Lichtatmung, um den Substanzverlust bei der Stoffproduktion zu verkleinern.
   (b) Bessere Ausnutzung der einfallenden Strahlung durch zweckmäßige Blattverteilung. Ein System steil aufgerichteter, schmaler und steifer Blätter, nach allen Richtungen ausgebreitet, vermag die ankommende Strahlung in gut gestaffeltem Bereich über die ganze Tiefe des Bestandes aufzufangen und photosynthetisch zu nutzen. Dadurch werden auch gegenseitige Beschattung und Welkegefahr geringer als bei großflächigen, horizontal ausgebreiteten Blättern.
   (c) Verkleinerte Standweite. Die Züchtung kurzwüchsiger Formen mit möglichst steil aufgerichteten Blättern schafft die Möglichkeit, die Bestände wesentlich dichter zu setzen als bisher üblich. Dabei sinken zwar Stoffproduktion und Ertrag der Einzelpflanzen; der Gewinn pro Bodenfläche ist jedoch größer als der entsprechende Verlust in den Einzelpflanzen. Bei Massen-Kulturen (Getreide und andere Nahrungsmittel) wird in Zukunft nicht die Größe der Einzelfrüchte oder -fruchtstände entscheiden, sondern der Gesamtertrag pro Bodenfläche.
   (d) Verlängerung der Periode für die Bildung des Frucht- und Samenertrages (mit Hilfe von Wachstumsregulatoren oder durch Züchtung) bei gleicher Stoffproduktionsintensität. Setzt z. B. eine Maispflanze ihre normalerweise in etwa 35 Tagen abgeschlossene Körnerproduktion unvermindert fort, so erhöht jeder weitere Produktionstag den Ertrag um 3%.

2. Optimale Verteilung der Assimilate — Verbesserung der Erntequalität.

Eine Steigerung der Erträge in landwirtschaftlichen Kulturen läßt sich nicht allein dadurch erreichen, daß den Pflanzenbeständen optimale Bedingungen für Photosynthese und Stoffproduktion insgesamt geboten werden, sondern hängt außerdem entscheidend davon ab, wie die gebildeten Assimilate weiter verteilt und aufgearbeitet werden, so daß der für den Menschen nutzbare Anteil so hoch wie möglich ausfällt.

Dies kann unter anderem erreicht werden durch eine Verminderung ungenutzter vegetativer Stoffproduktion. Zwerg- und Halbzwergformen bei Bäumen, Sträuchern und Feldfrüchten verschwenden weniger Baustoff und Energie für den vegetativen Sproß und können ihre Produktionskapazität stärker für die Frucht- und Samenbildung einsetzen. Auch eine mechanisierte Pflege und Ernte wird dadurch oft erleichtert.

Hierher gehören auch die Bestrebungen, bestimmte Bestandteile des Erntegutes anzureichern oder zu unterdrücken, um dadurch die Speise- oder Futterqualität des Ertrages zu verbessern. An erster Stelle sind dabei die weltweiten Bemühungen zur Steigerung des Eiweißgehaltes in Körner- und Hülsenfrüchten zu nennen, sowie zur — möglichst gleichzeitigen — Anreicherung der für die menschliche Ernährung besonders wichtigen Aminosäuren (z. B. Lysin).

3. Optimale Nutzung der Wasservorräte — Steigerung der Effektivität in den Bewässerungsverfahren.

Für die meisten Landwirtschaftskulturen — besonders in den Tropen und Subtropen — steht Wasser nicht in unbegrenzter Menge zur Verfügung, und vielfach müssen längere Trockenperioden durch künstliche Bewässerung überbrückt werden. Der damit verbundene wirtschaftliche Aufwand und die oft knappen Wasservorräte zwingen dabei zu möglichst sparsamem Wasserverbrauch. Dazu bedarf es in erster Linie genauerer Kenntnisse über den Wasserhaushalt der jeweiligen Kulturen, sowie zuverlässiger Methoden, um bei Bewässerungsverfahren den optimalen Zeitpunkt für die Wassergabe und deren optimale Menge zu bestimmen, damit unnötige Wasserverschwendung vermieden und gezielter, als bisher meist üblich, bewässert wird. Unerläßliche Voraussetzung dafür sind komplexe Untersuchungen über die vielseitigen Wechselbeziehungen zwischen Wasserhaushalt, Stoffproduktion und Ertragsbildung, die besonders in den tropischen Gebieten noch sehr wenig durchgeführt wurden.

4. Optimale Nutzung der Mineralstoffe

Auch hier gilt es, bei geringstmöglichem Aufwand an Mineraldünger und optimalen Mischungsverhältnissen Höchsterträge zu erzielen und schädliche Umweltauswirkungen zu vermeiden. Dieses Problem betrifft ebenfalls besonders stark die tropischen und subtropischen Gebiete. Der reichhaltige Wissens- und Erfahrungsschatz, der auf diesem Gebiet in den Ländern der gemäßigten Klimazonen vorliegt, ist für die Tropen wegen ihrer andersartigen Bodenverhältnisse nicht oder nur bedingt anwendbar. So gibt es für zahlreiche tropische Landwirtschaftskulturen bis heute noch keine auf wissenschaftlicher Grundlage ausgearbeiteten und auf die jeweiligen Klima- und Bodenverhältnisse abgestimmten Richtzahlen für Zeitpunkt, Menge und Form einer optimalen Mineraldüngung.

Das Problem ist besonders kritisch für viele tropische Entwicklungsländer, weil sie ihren Mineraldünger meist importieren müssen und die gelieferten Handelsprodukte mit ihren Mischungsverhältnissen nur in den seltensten Fällen auf tropische Verhältnisse spezialisiert sind. So wird oft zu viel gedüngt, und der erreichte Nutzen in Form einer Ertragssteigerung steht in keinem Verhältnis zum hohen Devisenaufwand, der für den Dünger bezahlt werden mußte. Auf die zusätzlichen Schäden einer Überdüngung, vor allem mit Stickstoff, wurde bereits verwiesen (S. 182).

Entsprechende Kenntnisse über die zweckmäßigste Form der Düngung müssen auch hier an Ort und Stelle durch bodenkundliche Untersuchungen in Verbindung mit Studien über die Mineralstoffaufnahme, -weiterleitung und -verarbeitung in den Pflanzen unter den tropischen Witterungsbedingungen gewonnen werden.

Die genannten Maßnahmen und Ziele zur Produktion von Höchsterträgen setzen allerdings voraus, daß alle sonstigen agrotechnischen Verfahren — Bodenbearbeitung, Wasserversorgung, Krankheits- und Schädlingsbekämpfung, Verwendung von Hochleistungssaatgut — technisch perfekt beherrscht und angewandt werden. Nur wenn die Gesamtheit der bisher berücksichtigten Umweltfaktoren ihren optimalen Wirkungsgrad erreicht hat, werden zusätzliche und anspruchsvollere Maßnahmen — z. B. auch Wirkstoffbehandlungen zur Steuerung der Blüten- und Fruchtbildungsprozesse — in Pflanzenbau und -züchtung den erwarteten Erfolg bringen. Zur Zeit sind die Bedingungen hierfür nur in wenigen, industriell hochentwickelten Ländern gegeben. Wo die Landwirtschaft heute noch mit niedriger Produktivität arbeitet, wird man — um nicht unnötig Zeit zu verlieren — bei Neuentwicklungen zwar den Blick auf die modernsten Zukunftsziele richten müssen, darf aber dabei nicht versäumen, umgehend all das nachzuholen, was für die Verwirklichung einer leistungsstarken Produktion an bisher gängigen Methoden der Chemisierung und Mechanisierung unerläßlich ist.

7.3. Nahrungsproduktion

Kann die Pflanzendecke der Erde eine sich rapide vermehrende Menschheit ernähren? Heute bevölkern mehr als 4 Milliarden Menschen die Erde, davon bereits ein erheblicher Teil unterernährt; für das Jahr 2000 erwartet man 6 bis 7 Milliarden.

Die Frage nach den Grundlagen und Perspektiven für die künftige Menschheitsernährung ist besonders in den letzten

Jahren vielfach aufgeworfen und erörtert worden, wobei erfreulich realistische Prognosen sich nicht selten mit düstersten Prophezeiungen mischen. Grundsätzlich darf dabei nicht außer acht gelassen werden, daß dieses Problem nicht nur eine naturwissenschaftlich-technische Seite hat, sondern auch eine sozialpolitische. Wenn heute weite Teile der Weltbevölkerung an Unterernährung leiden, so liegt eine der Ursachen zweifellos in einer rückständigen Landwirtschaft der betreffenden Region, deren Produktivität durch gezielten wissenschaftlichen und technischen Einsatz gesteigert werden kann und binnen kürzestmöglicher Frist gesteigert werden muß. Ebenso steht jedoch außer Zweifel, daß die heutige besorgniserregende Welternährungslage bereits erheblich gemildert werden könnte, wenn die schon vorhandenen Nahrungsgüter zweckmäßiger und gerechter verteilt würden. Es zeugt weder von Vernunft noch von Humanität, wenn angesichts von Millionen Hungernder, die sich vornehmlich auf die „Entwicklungsländer" verteilen, in manchen hochindustrialisierten Staaten unter dem Druck einer „Überproduktionskrise" die landwirtschaftliche Produktion vorsätzlich gedrosselt wird und Tausende Tonnen hochwertiger Nahrungsmittel entweder auf Eis gelegt oder gar vernichtet werden, nur um die Preise hoch zu halten. Mit derartigen Wirtschaftsprinzipien lassen sich die Ernährungsprobleme der künftigen Menschheit nicht lösen.

An dieser Stelle kann nur auf die für Naturwissenschaft und Technik überschaubaren Möglichkeiten eingegangen werden. Soweit die pflanzliche Stoffproduktion davon betroffen wird, sei hierzu die ausführlichere Einschätzung von de Wit (1967) wiedergegeben:

Vorgegeben sei als Nahrungs-Grundbedarf pro Person und Tag: 3000 kcal aus pflanzlichen Nahrungsmitteln, sowie 500 kcal an tierischem Einweiß, zu dessen Produktion etwa 5000 kcal an pflanzlichen Futtermitteln bereitgestellt werden müssen, insgesamt also pro Kopf etwa 8000 kcal pro Tag, oder 3 Mill. kcal jährlich, an nutzbarem Pflanzenertrag (auf Kohlenhydratbasis berechnet).

In Mitteleuropa produzieren gegenwärtig Hochleistungssorten unter optimalen Bedingungen etwa 50 t Kohlenhydrate pro Hektar und Jahr, was – bei Abzug von rund 50% Atmungsverlust und weiteren 25% nicht für die Ernährung nutzbarer Anteile etwa einem Reinertrag von 12,5 t oder 50 Mill. kcal pro

Hektar und Jahr entspricht. Berechnet man auf gleicher Basis die potentielle Stoffproduktion für das gesamte Festland der Erde und berücksichtigt dabei das in den Tropen und Subtropen mehr als doppelt so große Produktionspotential (wegen der längeren frostfreien Periode), so ergibt sich im Gesamtdurchschnitt eine potentielle Brutto-Stoffproduktion von 91 t pro Hektar und Jahr, von der man etwa 25%, d. h. fast 23 t/ha und Jahr (91 Mill. kcal), als direkt für die Ernährung von Mensch und Tier nutzbaren Ertrag anrechnen darf. Das bedeutet, daß rund 30 Menschen von einem Hektar modern bewirtschafteter Bodenfläche leben können, bzw. daß pro Person etwa 330 m^2 landwirtschaftlicher Nutzfläche zu veranschlagen sind.

In einer hochentwickelten Gesellschaft kalkuliert man weiterhin pro Kopf etwa 750 m^2 für Wohnraum, Arbeitsplatz, Versorgungs- und Erholungszentren sowie weitere 750 m^2 für anderweitig oder gar nicht genutzte Flächen. Daraus ergibt sich folgender Gesamtbedarf pro Person: 330 m^2 für die pflanzliche Produktion, 1500 m^2 für anderweitige Zwecke, zusammen 1830 m^2 Gesamtfläche.

Die Landoberfläche der Erde mit etwa $130 \cdot 10^8$ Hektar (zwischen 70° nördl. und 50° südl. Breite) kann somit mehr als 70 Milliarden Menschen beherbergen und ernähren, und zwar auf der Grundlage der bereits heute mit modernen Methoden erreichbaren Erträge, ungeachtet der von einer zukünftigen Forschung und Technik mit Sicherheit zu erwartenden weiteren Steigerungsmöglichkeiten. Die zusätzliche Produktion von Nahrungsgütern aus den Weltmeeren wurde hierbei noch nicht einmal berücksichtigt.

Die Erde bietet somit — auf weite Zukunft — reichlich Brot für alle, wenn es allein auf die pflanzliche Stoffproduktion ankommt. Es liegt an den Menschen und ihrer Gesellschaftsordnung, diese von den Pflanzen und der Sonnenstrahlung gebotenen Möglichkeiten so zu nutzen, daß der Hunger aus der Welt verschwindet.

8. Literatur (Teil II)

BAZILEVICH, N. I., A. V. DROZDOV & L. E. RODIN: World forest productivity, its basic regularities and relationship with climatic factors. — In: DUVIGNEAUD, P. (ed.), Productivity of forest ecosystems, Proceed. Brussels Symposium, UNESCO, Paris 1971, (1971) 345—356

BAZILEVICH, N. I. & L. E. RODIN: Geographical regularities in productivity and the circulation of chemical elements in the earth's main vegetation types. — In: Soviet Geography (Rev. and Transl.), American Geogr. Soc., New York 1971

BERGER-LANDEFELDT, U.: Der Energieumsatz am Standort. — Bot. Jahrb. **86**, (1967) 402—448

BILLINGS, W. D.: Plants and the ecosystem. — Wadsworth Publ. Co., Belmont, California 1964

BLACK, C. C.: Ecological implications of dividing plants into groups with distinct photosynthetic production capacities. — In: CRAGG, J. B. (ed.), Advances in Ecological Research, **7**, (1971) 87—114, Academic Press, London—New York

BLISS, L. C.: Net primary productivity of tundra ecosystems. — In: LIETH, H. (ed.), Die Stoffproduktion der Pflanzendecke, 35—46, Fischer — Stuttgart 1962

BOLIN, B.: The carbon cycle. — Scientific American, **223** (3), (1970) 124—132

BOLIN, B. & E. ARRHENIUS (ed.): Nitrogen — An essential life factor and a growing environmental hazard. — Ambio, **6** (2/3), (1977) 96—105

BOTKIN, D. B. & C. R. MALONE: Efficiency of net primary production based on light interception during growing season. — Ecology **49**, (1968) 438—444

BOYSEN-JENSEN, P.: Die Stoffproduktion der Pflanzen. — Fischer, Jena 1932

BRIGGS, L. J. & H. L. SHANTZ: The water requirement of plants. I. und II. — U. S. Dept. Agriculture, Bur. Plant. Ind. Bull. **284**, (1913) 1—48; **285**, (1913) 1—96

BROCK, TH. D.: Life at high temperatures. — Science **158**, (1967) 1012—1019

BUCH, K.: Das Kohlendioxyd in der atmosphärischen Luft. — In: RUHLAND, W. (ed.), Hdb. Pflanzenphysiologie **V/1**, (1960) 12—23. Springer, Berlin—Göttingen—Heidelberg

CERNUSCA, A.: Energiebilanz natürlicher und künstlicher Ökosysteme. — Umschau **72** (19), (1972) 628—630

CLARKE, G. L.: Elements of Ecology. — John Wiley, New York 1965

DARLEY, E. F.: The role of photochemical pollution on vegetation. — Proc. 1st Eur. Congr. for Influence of air pollution on plants and animals, 137, Wageningen 1969

DASMANN, R. F., J. P. MILTON & P. H. FREEMAN: Ecological principles of economic development. — John Wiley, London—New York—Sydney—Toronto, (1973) 252 pp.

DÄSSLER, H. G. & H. RANFT: Das Verhalten von Flechten und Moosen unter dem Einfluß einer Schwefeldioxidbegasung. — Flora (B), **158**, (1969) 454—461

DÄSSLER, H. G., H. RANFT & K.-H.-REHN: Zur Widerstandsfähigkeit von Gehölzen gegenüber Fluorverbindungen und Schwefeldioxid. — Flora (B) **161**, (1972) 289—302

DAUBENMIRE, R. F.: Plants and environment. — John Wiley, New York 1947

DE WIT, C. T.: Photosynthesis: Its relationships to overpopulation. — In: A. SAN PIETRO & al. (ed.), 1967 Harvesting the sun. — Academic Press. New York, London, (1967) 315 bis 320

DE WIT C. T., R. BROUWER, F. W. T. PENNING DE VRIES: The simulation of photosynthetic systems. — In: Prediction and measurement of photosynthetic productivity. Proc. IBP/PP Techn. Meeting, Třebon, 47—70. — Centre Agr. Publ. Doc. Wageningen, 1970

DOWNTON, W. J. S.: The occurrence of C_4 Photosynthesis among plants. — Photosynthetica **9** (1), (1975) 96—105

DUVIGNEAUD, P. (ed.): Productivity of forest ecosystems. — Proc. Brussels Symposium (1969), UNESCO, Paris, (1971) 707 pp.

DUVIGNEAUD, P.: Concepts sur la productivité primaire des ecosystèmes forestiers. — In: DUVIGNEAUD, P. (ed.), Productivity of forest ecosystems, Proc. Brussels Symp., UNESCO Paris, (1971) 111—140

DUVIGNEAUD, P. & S. DENAEYER-DE SMET: Biological cycling

of minerals in temperate deciduous forests. — In: REICHLE, D. R. (ed.), Analysis of temperate forest ecosystems. Ecological Studies **1**, (1970) 199—225. — Springer, Berlin—Heidelberg—New York

DUVIGNEAUD, P., P. KESTEMONT & P. AMBROES: Productivité primaire des forêts tempérées d'essences feuillues caducifoliées en Europe occidentale. — In: DUVIGNEAUD, P. (ed.), Productivity of forest ecosystems. Proc. Brussels Symp. UNESCO, Paris, (1971) 259—270

ELLENBERG, H.: Vegetation Mitteleuropas in den Alpen. — In: H. WALTER (ed.), Einführung in die Phytologie, **IV/2**, (1963) Ulmer, Stuttgart

FARVAR, M. T. & J. P. MILTON: The careless technology. Ecology and international development. — Natural History Press., New York, (1972) 1030 pp.

FINCK, A.: Tropische Böden. — Parey, Hamburg/Berlin 1963

FLOHN, H.: Der Wasserhaushalt der Erde. Schwankungen und Eingriffe. — Naturwissenschaften **60**, (1973) 340—348

GAASTRA, P: Photosynthesis of crop plants as influenced by light, carbon dioxide, temperature and stomatal diffusion resistance. — Med. Landbouwhogeschool Wageningen, **59**, (1959) 1—68

GATES, M.: Energy, plants and ecology. — Ecology **46**, (1965) 1—14

GEIGER, R.: Das Klima der bodennahen Luftschicht. Vieweg & Sohn, Braunschweig, 4. Aufl. 1961

GEIGER, R.: Die Atmosphäre der Erde. — Perthes, Darmstadt 1965

GESSNER, F.: Hydrobotanik, 2 Bde. — VEB Deutscher Verlag d. Wiss., Berlin 1955 und 1959

GOLZBERG, I. A. (ed.) Agroklimatischer Weltatlas, Moskau —Leningrad 1972 (russisch)

GREGORY, F. G.: Physiological conditions in cucumber houses. — Ann. Rep. Exp. Res. Stat. Cheshunt, **3**, (1917) 19—28.

GUDERIAN, R.: Air pollution. — Ecological Studies **22**, (1977) 1—127, Springer, Berlin—Heidelberg—New York.

HALBWACHS, G.: Physiologische Probleme der Vegetationsschädigung durch gasförmige Immissionen. — Ber. dtsch. bot. Ges., **84** (1971) 507—514

HÄRTEL, O.: Ökophysiologie und anthropogene Umweltveränderungen. — Ber. dtsch. bot. Ges., **84**, (1971) 497—506

HELLRIEGEL, F.: Beiträge zu den naturwissenschaftlichen

Grundlagen des Ackerbaus. — Vieweg & Sohn, Braunschweig 1883

Hiroi, T. & M. Monsi: Dry matter economy of Helianthus annuus communities grown at varying densities on light intensity. — J. Fak. Sci. Tokyo, **9**, (1966) 241—285

Hoffmann, P.: Zur Physiologie der Photosynthese bei höheren Pflanzen. — Bot. Studien **18**, (1968) 1—151, Fischer, Jena

Hoffmann, P.: Photosynthese. — Wiss. Taschenb. **148**, Akademie-Verlag, Berlin, (1975) 249 pp.

Hopkinson, J. M.: Studies on the expansion of the leaf surface. IV. The carbon and phosphorus economy of a leaf. — J. exp. Bot. **15**, (1964) 125—138

Iwanow, L. A.: Pflanzenphysiologie. — St. Petersburg (1913) (Russ.), zit. nach Maximow (1923)

Janzen, D. H.: Tropical agroecosystems. — Science **182**, (1973) 1212—1219

Keller, R.: Wasserbilanz der Bundesrepublik Deutschland. — Umschau **71** (3), (1972) 73—78

Kira, T. & H. Ogawa: Assessment of primary productivity in tropical and equatorial forests. — In: Duvigneaud, P. (ed.), Productivity of forest ecosystems, Proc. Brussels Symp. UNESCO, Paris, (1971) 309—322

Knapp, R.: Experimentelle Soziologie und gegenseitige Beeinflussung der Pflanzen. — Ulmer, Stuttgart 1967

Koch, W.: Der Tagesgang der Produktivität der Transpiration. — Planta (Berlin) **48** (1957), 418—452

Kormondy, E. J.: Concepts of ecology. — Prentice Hall. Inc., Englewood Cliffs, New Jersey, (1969) 210 pp.

Kozlowski, T. T. & T. Keller: Food relations of woody plants. — Bot, Rev., **32**, (1966) 293—382

Kramer, P. J.: Plant and soil water relationships. — Mc. Graw-Hill, New York—Toronto—London 1949

Kreeb, K.: Ökophysiologie natürlicher Streßwirkungen. — Ber. dtsch. bot. Ges., **84**, (1971) 485—496

Kreeb, K.: Die ökologischen Grundlagen der Umwelt des Menschen. — Umschau **72**, (1972) 681—686

Kreeb, K.: Ökophysiologie der Pflanzen. — Fischer, Jena, (1974) 210 pp.

Kreeb, K.: Methoden der Pflanzenökologie. — Fischer, Jena, (1977) 235 pp.

Laatsch, W.: Dynamik der mitteleuropäischen Mineralböden. — Steinkopff, Dresden—Leipzig, 4. Aufl. 1957

LANGE, O. L., E. D. SCHULZE & W. KOCH: Experimentell-ökologische Untersuchungen an Flechten der Negev-Wüste. II. CO_2-Gaswechsel und Wasserhaushalt von *Ramalina maciformis* (*Del.*) *Bory* am natürlichen Standort während der sommerlichen Trockenperiode. — Flora **159** (B), (1970) 38—62

LARCHER, W.: Ökologie der Pflanzen. — Ulmer, Stuttgart, 2. Aufl., (1976) 320 pp.

LERCH, G.: Einfluß einiger Klima- und Anbaufaktoren auf die Ertragsbildung der Reissorte IR-8 in Cuba. I. Standweite und Stickstoffdüngung. — Kulturpflanze **24**, (1976) 13—51

LERCH, G.: Einfluß einiger Klima- und Anbaufaktoren auf die Ertragsbildung der Reissorte IR-8 in Cuba. II. Standweite und CO_2-Assimilation. — Kulturpflanze **24**, (1976) 53—63

LERCH, G.: Möglichkeiten ökophysiologischer Forschung zur Produktivitätssteigerung in der tropischen Landwirtschaft. — Kulturpflanze **25**, (1977) 125—139

LERCH, G., J. FONTAINES, M. SOCORRO & H. BATTLE: Desarrollo y rendimiento del arroz, var. IR-8, en Cuba. I bis V. — Rev. Agricultura (La Habana), **5** (1), (1972) 1—101

LERCH, G. & W. R. MÜLLER-STOLL: Einfluß einer abgestuften Wasserversorgung auf CO_2-Assimilation, Transpiration, Substanzproduktion und Wasserverbrauch von *Avena sativa*. — Kulturpflanze **14**, (1966) 381—418

LEVITT, J.: The hardiness of plants. — Academic Press, New York 1956

LIETH, H. (ed.): Die Stoffproduktion der Pflanzendecke. — Fischer, Stuttgart, (1962) 156 pp.

LIETH, H.: Über die Primärproduktion der Pflanzendecke der Erde. — Angew. Bot. **46**, (1972) 1—37

LIETH, H.: Modelling the primary productivity of the world. — Arch. bot. (Forli), **48**, (1972) 11—16

LIETH, H. & R. H. WHITTAKER: Primary productivity of the biosphere. — Ecological Studies **14**, Springer, Berlin—Heidelberg—New York (1975) 339 pp.

LUNDEGARDH, H.: Klima und Boden in ihrer Wirkung auf das Pflanzenleben. — Fischer, Jena, 5. Aufl., 1957

MAXIMOW, N. A.: Physiologisch-ökologische Untersuchungen über die Dürreresistenz der Xerophyten. — Jahrb. wiss. Bot. **62**, (1923) 128—143

MCHARG, J.: Design with Nature. — Natural History Press, New York 1969

MEINL, G. & K. BELLMANN: Untersuchungen über die Photosynthese, Respiration und Transpiration des Maises unter Berücksichtigung von Unterschieden zwischen Populationen, Pflanzen, Blättern und Blattabschnitten. – Biol. Plantarum (Praha), (1965) 41–57

MENGEL, K.: Ernährung und Stoffwechsel der Pflanzen. – Fischer, Jena, 4. Aufl. (1972) 470 pp.

MEYER, K.: Studien über den Wasserhaushalt des Hafers. – J. Landw. **78**, (1930) 32–202

MÖLLER, C. M., D. MÜLLER & J. NIELSEN: Ein Diagramm der Stoffproduktion im Buchenwald. – Ber. Schweiz. bot. Ges., **64**, (1954) 487–494

MONSI, M. & T. SAEKI: Über den Lichtfaktor in Pflanzengesellschaften und seine Bedeutung für die Stoffproduktion. – Japan. J. Bot., **14**, (1953) 22–52

MONTEITH, J. L.: Solar radiation and productivity in tropical ecosystems. – J. appl. Ecol., **9**, (1972) 747–766

MÜLLER, D.: Kreislauf des Kohlenstoffs. – In: RUHLAND, W. (ed.) Handb. Pflanzenphysiologie, **XII/2**, (1960) 934–948. Springer, Berlin–Göttingen–Heidelberg

MÜLLER, D. & J. NIELSEN: Production brute, pertes par respiration et production nette dans la forêt tropicale. – Forstl. Forsogsvaesen in Danmark, **29**, (1965) 69–160

MUNN, R. E.: Biometeorological methods. – Academic Press, New York–London, (1970) 336 pp.

ODUM, H. T.: Trophic structure and productivity of Silver Springs, Florida. – Ecol. Monogr. **27**, (1957) 55–112

ODUM, E. P.: Fundamentals of Ecology. – Saunders-Co., Philadelphia–London, 2. Aufl., 1959

ODUM, E. P.: The strategy of ecosystem development. – Science, **164**, (1969) 262–270

POLSTER, H.: Photosynthese, Atmung und Stoffproduktion. – In.: LYR, H., H. POLSTER & H. J. FIEDLER, Gehölzphysiologie Fischer, Jena, (1967) 197–237

RAGHAVENDRA, A. S. & V. S. R. DAS: The occurence of C_4 Photosynthesis: A supplementary list of C_4 plants reported during late 1974 – mid 1977. – Photosynthetica, **12** (2), (1978) 200–208

RANFT, H. & H. G. DÄSSLER: Rauchhärtetest an Gehölzen im SO_2-Kabinenversuch. – Flora (B) **159**, (1970) 573 bis 588

REICHLE, D. E. (ed.): Analysis of temperate forest ecosystems.

— Ecological Studies **1**, Springer, Berlin—Heidelberg—New York, (1970) 302 pp.

RICHARDS, P. W.: The tropical rainforest. — Scientific American, **229** (6), (1973) 58—67

ROBINSON, E. & R. C. ROBBINS: Gaseous atmospheric pollutants from urban and natural resources. — In: SINGER, S. F. (ed.), Global effects of environmental pollution., 50 bis 64. — Reidel, Dordrecht—Holland 1970

RODIN, L. E. & N. I. BAZILEVICH: Die Dynamik der organischen Substanz und der biologische Kreislauf der Aschenelemente sowie des Stickstoffs in den wichtigsten Vegetationstypen der Erde. — Moskau u. Leningrad (1965) 253 pp. (russisch)

RUHLAND, W. (ed.): Handbuch für Pflanzenphysiologie, Bde. III, IV, V, VI, VIII, IX, XII. — Springer, Berlin—Göttingen—Heidelberg 1956—1960

SAN PIETRO, A., F. A. GREER & T. J. ARMY (ed.): Harvesting the sun. Photosynthesis in plant life. — Academic Press New York—London, (1967) 342 pp.

SAUBERER, F. & O. HÄRTEL: Pflanze und Strahlung. — Akadem. Verlagsges., Leipzig 1959

SCHULZE, E. D. & W. KOCH: Measurement of primary production with cuvettes. — In: DUVIGNEAUD, P. (ed.), Productivity of forest ecosystems, Proc. Brussels Symp., UNESCO, Paris, (1971) 141—158

SCHULZE, E. D., O. L. LANGE & W. KOCH: Ökophysiologische Untersuchungen an Wild- und Kulturpflanzen der Negev-Wüste III. Tagesverläufe der Nettophotosynthese und Transpiration am Ende der Trockenzeit. — Oecologia **9** (1972) 317—340

ŠESTÁK, Z. & J. ČATSKÝ: Die photosynthetische Heterogenität der Pflanze. Fortschrittsbericht. — Studijní Informace UVTI Praha, Základní y pomocné vědy v zěmědělstvi, **4**, (1966) 1—140 (tschechisch mit deutscher Zusammenfassung)

ŠESTÁK, Z. & ČATSKÝ & P. G. JARVIS: Plant photosynthetic production. Manual of methods. — Dr. W. JUNK, The Hague, (1971) 818 pp.

SLATYER, R. O.: Plant — Water Relationships. — Academic Press, London—New York 1967

SINGER, S. F. (ed.): Global effects of environmental pollution. — Reidel Publ. Co, Dordrecht—Holland, (1970) 218 pp.

STALFELT, M. G.: Über die Natur der Licht- und Temperaturoptima in der Kohlensäureassimilation. — Svensk bot. Tidskr., **33**, (1939) 383

STUGREN, B.: Grundlagen der allgemeinen Ökologie. — Fischer, Jena, 3. Aufl. (1978) 312 pp.

TOWLE, D. W. & J. S. PEARSE: Production of the giant kelp, *Macrocystis*, estimated by in situ incorporation of ^{14}C in polyethylene bags. — Limnol. and Oceanogr. **18**, (1973) 155—159

TRANQUILLINI, W.: Die Stoffproduktion der Zirbe an der Waldgrenze während eines Jahres. 2. Zuwachs und CO_2-Bilanz. — Planta **54**, (1959) 130—151

UNGER, K. (ed.): Biophysikalische Analyse pflanzlicher Systeme. — Fischer, Jena, (1977) 301 pp.

WALTER, H.: Einführung in die Phytologie, **III/1**, Standortslehre. — Ulmer, Stuttgart, 2. Aufl. 1960

WALTER, H.: Die Vegetation der Erde in ökophysiologischer Betrachtung. Bd. II: Die gemäßigten und arktischen Zonen. — Fischer, Jena, (1968) 1001 pp.

WALTER, H.: Vegetationszonen und Klima. — Fischer, Jena, (1970) 244 pp.

WALTER, H.: Die Vegetation der Erde in ökophysiologischer Betrachtung, Bd. I: Die tropischen und subtropischen Zonen. — Fischer, Jena, 3. Aufl., (1973) 743 pp.

WALTER, H. & H. LIETH: Klimadiagramm — Weltatlas. — Fischer Jena, 3 Lieferg., 1960—1967

WATSON, D. J.: The physiological basis of variation in yield. — Adv. Agron., **4**, (1952) 101—145

WENTZEL, K. F.: Empfindlichkeit und Resistenzunterschiede der Pflanzen gegenüber Luftverunreinigung. — In: Air Pollution Proceedings, Wageningen, (1969) 357—370.

WESTLAKE, D. F.: Comparisons of plant productivity. — Biol. Rev. **38**, (1963) 385—425

WETZEL, R. G.: Limnology. — W. B. Saunders Co., Philadelphia—London—Toronto, (1975) 743 pp.

WHITTAKER, R. H.: Communities and ecosystems. Current Concepts in Biology. — McMillan Co., London, (1970) 158 pp.

WHITTAKER, R. H. & G. M. WOODWELL: Measurement of net primary production of forests. — In: DUVIGNEAUD, P. (ed.), Productivity of forest ecosystems, Proc. Brussels Symp., UNESCO, Paris, (1971) 159—176

ZELITCH, I.: Photosynthesis, Photorespiration and plant productivity. — Academic Press, New York—London, (1971) 347 pp.

9. Sachregister (Teil II)

DIETER SPAAR / HELMUT KLEINHEMPEL
HANS JOACHIM MÜLLER / KLAUS NAUMANN

Bakteriosen der Kulturpflanzen

(Wissenschaftliche Taschenbücher, Reihe Biologie)

1977. 276 Seiten — 67 Abb. — 6 Tab. — kl. 8° — 12,50 M
Bestell-Nr. 761 921 4 (7146)

Im allgemeinen Teil erfolgt eine Charakterisierung der phytopathogenen Bakterien. Weiterhin werden die Krankheitssymptome, die Übertragung und Ausbreitung von Bakterien, die Wirt-Parasit-Beziehungen, die Diagnose, die Bekämpfung sowie Schadausmaß und Verbreitung behandelt. In einem speziellen Teil erläutern die Autoren Einzelheiten der Krankheitserscheinungen an den Hauptgruppen von Kulturpflanzen, wobei der besondere Wert auf eine stichwortartige Angabe der Hauptdaten gelegt wird, die dem Benutzer das besondere Ausmaß dieser Krankheitsgruppe verdeutlicht.

Ihr Buchhändler
hält alle Wissenschaftlichen Taschenbücher für Sie bereit!

AKADEMIE-VERLAG · BERLIN

Der Autor

- behandelt den Einfluß allgemeiner, äußerer und innerer Faktoren auf die pflanzliche Stoffproduktion

- geht auf die Produktivität von Pflanzenbeständen in Abhängigkeit von den ökologischen Faktoren ein

- erläutert die Stoffproduktionsökologie ausgewählter Vegetationstypen und biogeochemischer Stoffkreisläufe sowie Fragen von Pflanzenproduktion und Welternährung

- wendet sich an Studierende und Lehrer der Biologie, Landwirtschafts- und Forstwissenschaft, Klimatologie und Geographie, an Bearbeiter vegetationskundlicher und pflanzengeographischer Fragen, im Naturschutz Tätige sowie an Naturfreunde

WISSENSCHAFTLICHE TASCHENBÜCHER

FSC
www.fsc.org
MIX
Papier | Fördert
gute Waldnutzung
FSC® C083411

Zeitfracht Medien GmbH
Ferdinand-Jühlke-Straße 7
99095 Erfurt, Deutschland
produktsicherheit@kolibri360.de